Architect's FRAME 01

# House in the Earth, House towards the Earth
Cho Byoungsoo

땅속의 집, 땅으로의 집
조병수

# House in the Earth,
# House towards the Earth

## Cho Byoungsoo

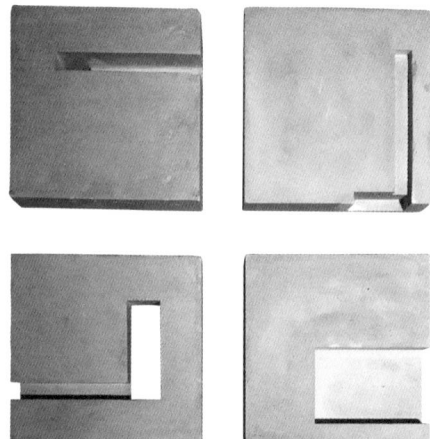

공간
서가

**7**

땅으로의 건축 이야기_ 조병수

•

**30**

땅 집: 땅속으로 들어가 앉은…

**46**

ㅁ자집: 경사면에 박히며 하늘과 땅을 향해 뚫려 있는…

**58**

땅속 명상집: 언덕을 따라 꺾이며 땅으로 들어가는…

**74**

꺾인 지붕 집: 땅의 등고를 따라 꺾이며 지붕과 경사가 하나 되는…

**90**

지평집: 땅을 깎고, 스스로를 낮추며, 지평선 속으로 스며드는…

•

**102**

땅에서 쓴 일기_ 염혜원

**7**

Architecture towards the Earth_ Cho Byoungsoo

•

**30**

Earth House: To enter the earth and sit down⋯

**46**

Concrete Box House: To be submerged in a slope and open to the earth and sky⋯

**58**

In-Earth Meditation House: To follow the slope and enter the earth⋯

**74**

Tillted Roof House: Being tilted following the slope of the earth⋯ being unified with the tilted roof⋯

**90**

Guest House Prairie: To cut into the earth, to lower oneself and to melt into the horizon⋯

•

**102**

Diary Written on the Earth_ Yeom Hyewon

essay

## 땅으로의 건축 이야기
_조병수

## Architecture towards the Earth
_ Cho Byoungsoo

땅으로의 건축 이야기는 땅에 대한 나의 신념과 그로부터 출발하는 지속가능한 건축에 대한 나의 함축적인 이야기다. 나는 이 이야기를 내가 그간 만든 땅집, 땅속 명상집, ㅁ자집, 꺾인 지붕 집 등과 함께 들여다보고자 한다. 그리고 서울미술관에서 전시한 작품 '웅'(2015), 김수근 문화상 수상작 전시작(2011), 태어나지 않은 땅에 대한 생각을 담은 졸업논문과 해골 그림처럼 나의 건축을 만들고 지탱하는데 더욱 본질적인 요소가 되는 실험적 작업들을 통해 좀 더 깊이 있게 이야기 하려고 한다.

    땅으로부터 출발하는 집에 대한 나의 생각은 땅의 태어나지 않음, 즉 땅의 묵묵한 존재감에서 시작한다. 비록 하나의 생명으로 탄생하지는 못했지만 다른 생명을 잉태하는 땅. 생명으로 탄생하지 않아 영원히 존재하며 잉태한 생명의 삶과 죽음을 묵묵히 지켜보는 땅. 이러한 땅의 본질은 무수히 많은 땅 이외의 것들과 연계되어 이야기될 때 설명될 수 있고 이해될 수 있을 것이다.

    그래서 땅 이야기는 땅에서 올려다본 하늘의 이야기이고, 땅을 스치며 일어난 바람의 이야기이며, 땅을 배경으로 빠르게 흘러가는 구름의 이야기이며, 빗물의 이야기이고, 사람들이 떠들어대는 소리의 이야기이며, 만물이 소생하는 잉태의 이야기이면서, 지속가능한 건축에 대한 이야기인 것이다.

    그 이야기들은 땅에서 떼어놓을 수 없고, 떼어놓을 수 없는 서로를 부둥켜안고 뒤엉켜 살아가는 우리 모두의 이야기다. 그 이야기들은 넓고 넓은 우주만큼 방대해서 내가 어떻게 관찰하고 설명하려 해도 부족할 것이다. 그리고 그것은 또한 시간에 따라, 시대에 따라, 장소에 따라, 그곳에서 살아가는 사람들의 문화마다 제각각 다르게 이해되고 이야기될 수 있을 것이다. 여기서는 내가 지은 건물 몇 개와 그 외 작업들을 들여다보며 땅에 대한 나의 신념과 지속가능한 건축에 대한 가능성을 구체적으로 짚어보았다.

Architecture towards the earth is the story of my belief in the earth, and how that belief has influenced my practice in sustainable architecture. I would like to tell this story by looking at the structures I have built: the Earth House, the In-Earth Meditation House, the Concrete Box House and the Tilted Roof House. Additionally, I would also like to explore my architectural practice in more depth by looking at more experimental pieces, such as the installation piece entitled *Reply* (2015) which was exhibited in the Seoul Museum, The Kim Swoo Geun Culture Award Winner (2011), my graduate thesis and skull drawings, which dealt with the idea of the earth as embryonic, and which are closer to the original essence of my work in their substance.

My vision of a house that is of the earth begins with the idea of the earth as a silent and enduring existence. While never having been born itself, it gives birth to many other lives. Created without life it is eternal and silently witnesses the deaths of those to which it gives birth. Any explanation or understanding of the earth must be reached by connecting it to the infinite number of other stories about the earth.

The story of the earth is the story of the sky that we gaze up at from the earth, it is the story of the breeze that plays over the earth, the story of the cloud that passes over terrain leaving the earth in its wake, the story of rain, the susurrations of people's chatter, the birth of creatures, great and small, and it is the story of all of this and the architecture that it sustains.

These stories cannot be told in isolation separate from the earth, as they speak of us and our history, of ourselves, those who live intertwined and enmeshed with one another. This story is as wide as the universe, however many methods of exploration I employ, I will always fall short. It is a story that differs depending on the time, the era, the place, on the natives and their culture, and so here I hope to look specifically at some examples of buildings I have built and at some of my other work in order to talk about my commitment to the earth and about my practice of sustainable architecture.

## 땅의 사각 웅덩이 그리고 땅 밑 목재 계단 / 쇳덩어리 이야기

먼저 내가 어릴 적 강한 인상을 받았던 '사각 공간'에 대한 이야기를 조금 해야겠다. 유난히도 청명한 파란 하늘을 배경으로 어울리지 않게 빠알간 흙의 단면을 드러낸 사각 공간이 내 앞에 놓여 있었다. 사각진 삽으로 반듯이 파내려 간 단단해진 네 개의 붉은 단층면과 그 바닥면은 따스한 햇살이 내려앉는, 내 친구 어머니가 한 줌의 흙으로 돌아갈 수 있도록 도와줄 작은 집이었다. 황홀할 만큼 아름다움이 깃든 사각의 반듯한, 지극히 지속가능한 원초적 공간이 나의 십대 젊은 시절에 대한 추억과 함께 너무나도 선명히 내 영혼과 몸속에 강하게 각인되었다.

Volcanic rock on concrete walls w/ wooden steps.

### The Story of a Rectangular Hole in the Earth and Wooden Steps / a Steel Mass Under the Ground

I must begin with a story from when I was young, in which for the first time I encountered a rectangular space that made a lasting impression on me. It was a red earth square space that contrasted with the bright blue of the sky, one unusually clear for Korea. Dug in a straight line with a square, sharp-angled spade, it had four red planes and a floor nibbled by the warm sun. It was the home in which my friend's mother could return to becoming a handful of dust. That scene, exhilaratingly beautiful in its clean straight lines, formed an intensely sustainable and primitive space that has left such a striking imprint on my soul and in my flesh and bones, marked alongside the many other memories of my teenage years.

essay

"고등학교 때의 일이었어요. 친한 친구의 어머니가 돌아가셨는데, 장지가 경기도 쪽이었어요. 여럿이 들었어도 관이 엄청 무겁더라구요. 어찌어찌 관을 메고 산으로 올라갔는데 일하는 사람들이 벌써 땅을 파놓은 거예요. 삽질을 해서 파놓았는데 어쩌면 그리도 정갈하게 파놓았는지! 땅을 수직으로 90도가 딱 맞게 파놓은 거예요. 우리나라 땅의 특징이 원래 그런 건지도 모르겠는데, 아무튼 땅의 단면이 깨끗하게 드러나 있는 것이 너무도 멋진 거예요. 그 땅이 파여진 상태를 보니 여태까지 한 번도 파여진 적이 없는 땅인 것 같았어요. 그게 굉장히 인상적이었지요.

그리고 또 인상적이었던 게 있어요. 관을 그 네모 반듯한 구덩이 속으로 내리고 빨간 천을 덮은 후 거기다 각자 삽질로 흙을 떠넣어요. 관에 덮인 빨간 천 위로 뿌려지는 붉은 흙. 순식간에 완전히 흙으로 덮어버린 관. 그런 것들이 굉장히 강하게 뇌리에 남아 있어서 나중에 학생들을 가르칠 때 그런 얘기를 많이 했어요. 똑같은 사각형의 큐브라 하더라도 땅을 파서 들어간다는 행위는 땅 위에 뭘 지어서 만드는 행위와는 굉장히 다른 것이죠. 그게 뭔지는 정확히 모르겠지만 땅을 파고 들어간다는 행위는 아마도 인간의 내면 깊숙한 곳에 원래부터 가지고 있던 '본능' 같은 게 아닐까 싶어요. 마치 새들이 집을 짓는 행위처럼, 우리가 보기엔 그냥 짓는 거지만 새들에게는 그 둥지는 본능이 가르쳐주는 매우 중요한 것들을 따라 짓는 거지요. 이곳이 내가 속해야 할 곳인가 아닌가를 가늠하여 자기 영역이 아닌 곳에는 절대 집을 짓지 않죠. 가장 안전하고 좋은 곳, 새들이 본능적으로 판단할 때 정말 거주할 수 있다고 생각되는 곳에 집을 짓는 거죠." •1

•1  『땅, 우리의 영원한 집: 건축가 조병수와 디자이너 이나미의 두 겹의 영감』,
    땅 vs. 집, pp. 20 - 21.
    *Earth, Our Ultimate House: Twofold Inspirations by Architect Cho Byoungsoo and Designer Rhee Nami*, Earth vs. House, pp. 20 - 21.

'When I was a high school student, my close friend's mother passed away and the funeral was near Gyeonggi-do. Even though many people were carrying the casket, it was quite heavy. As they carried the casket on their backs up the mountain, people had already begun working to excavate the earth for the burial. With shovels, they amazingly excavated the earth with such clean precision! The excavation was the most perfect, perpendicular, 90 degree angle. Although I am unclear whether our country's earth characteristically is in this way, in any case the clean cut out section of the earth was rather amazing. Looking at the excavated earth, it appeared as if it had never been touched. It was quite impressive. They lowered the casket into the rectangular pit and placed a red fabric on top of it. Then, with shovels, each person returned the earth on top of the red fabric and the casket was instantly buried within the earth. This left a strong lasting impression upon me. Since then, I speak about this with my students as a reference. Whether a rectangular cube is above the earth or below the earth, its placement in relation to the earth creates a completely different atmosphere. Although I don't fully understand, I wonder if the act of excavating and going within the earth is perhaps innate in all humanity and relates to an instinct we have always carried deep within us. Just like a birds' process in building a home. From our point of view, it may appear that they are building a home without much consideration. For the bird, however, they build a home by following an important rite that instincts dictate. Birds gauge whether they belong in a place or not and never build in a place that is not their domain. They ultimately build in a place they carefully consider to be the best and most safe place to build. Instinctually, birds really do build in a place where their body and spirit desires to dwell.' •[1]

그리고 그 후로 약 15년이 흐르고 나서 내가 스스로 땅을 파고, 그 사각 공간을 연상케 하는, 하지만 살아 있는 사람을 위한 공간인 목재 계단을 제안하게 되었다. 이 '목재 계단'이란 이름의 작업은 그 당시 대학교, 대학원 시절 심취해 있었던 『도덕경』에 근거해 시작했던 초기 작업으로 대학원 졸업논문 프로젝트의 시작이 되었다.

십대 때 본 빨간 진흙의 단면으로 만들어진 사각 공간은 파란 하늘을 배경으로 땅속 깊숙이 내려가 있어 깊은 잠에 든 친구 어머니의 공간이었다면, 목재 계단 작업은 그 아래로 목재 계단을 밟고 내려서서 파란 하늘을 올려다보도록 제안된, 나의 살아 있는 몸으로 체험하는 희망의 공간이었다. 이것은 '경험과 인식'이라는 논문 주제로 땅과 하늘에 대한 탐구 프로젝트 중 첫 번째로 탄생했다. 이는 땅과 하늘과 인간을 가장 극적으로 연결해주는 최소한의 건축이며, 또 그만큼 '궁극의 지속가능한 건축'인 것이다.

대학원의 졸업논문 및 설계작업은 '경험과 인식'이라는 주제하에 시각적이고, 형태적으로 보이는 것 너머의 '경험적, 인식적' 세계와 그 중요성에 대해 정의하고 그를 토대로 설계에 기본이 될 일곱 개의 오브제를 제안한 것이다. 그리고 2차적으로 보스톤 외곽의 산업시설물과 그 대지를 사이트로 선정하고, 땅을 본질로 하는 설계안을 만들었다. 다음은 일곱 개의 오브제에 대한 설명이다.

And so, fifteen years later I dug a hole for myself, imagining a clean rectangular space, but one for the living. That is how I came to put together the 'Wooden Steps' project. I first became deeply engrossed in the *Tao Te Ching* during my undergraduate and graduate school studies, and I began the 'Wooden Steps in the Earth Project' as a graduate thesis.

If the red rectangular space I saw as a teenager was a space that delved into darkness, away from the blue sky above, to cultivate a space where my friend's mother could lie in her deepest sleep, the 'Wooden Steps' devised a space in which one is encouraged to look up at the blue sky, to enter an enclosed space in which one experiences the hope and vitality of one's living body. It was the first of my projects on the theme of 'Experience and Perception' for my thesis, conducting an investigation into the links between the earth and the sky. It is the most minimalist form of architecture, connecting the extremes of earth, sky and man, and also the ultimate form of sustainable architecture.

My graduation thesis and the project on 'Experience and Perception' looked beyond the outward visual form to the realm of experience and perception, to offer definitions and employ it as a framework for seven objets d'art. Secondly, I selected a commercial building and its land as my site, and created a blueprint to return it to its elemental state.

- **땅속의 구덩이**: 인간이 만든 가장 원초적이며 육감적인 공간으로 내려서면 시각적 표현 너머로 땅과 하늘에 대한 경험과 새로운 인식을 가능케 한다.
- **땅속의 물**: 깊게 파인 공간에 채워진 물은 땅과 같은 '음'의 것으로 그 자체의 본질보다는 움직임, 흐름, 반사함 등으로 땅과 대비되며 자신(물)의 아름다움을 드러내고 그를 자신의 몸 속으로 스며들게 하는 땅과 함께 서로의 아름다움을 경험, 인지하게 한다.
- **언덕 구멍 (나무를 뽑아간 자리)**: 나무를 뽑아간 자리와 같이 둥글게 파인 원초적 공간과 그 안에 동그랗게 쪼그리고 앉을 인간의 경험에 대한 작업이다.
- **언덕 구멍의 나뭇가지 덮인 공간**: 반듯이 파인 사각 구멍 위로 나뭇가지를 얼기설기 덮은 땅속 사각 웅덩이. 웅덩이의 경험은 좀 더 포근하고 아늑하게 해주는 어머니의 자궁과 같은 집이다.
- **땅속의 목재 계단**: 나무 계단을 밟고 내려서면 머리 위로 하늘이 열려 있고, 바닥에 상을 하나 펴고 앉을 수 있고 잠들 수 있는 최소의 집이다.
- **땅속의 쇳덩어리**: 땅 위에 놓인 쇳덩어리가 오래되어 그 무게에 의해 깊게 가라앉은 듯한 육중한 덩어리에 대한 것으로 그 위에 올라서도 그 쇳덩어리의 깊이나 무게를 느끼지는 못하나 무한한 질량감을 경험하고 인식케 하기 위한 작업이다.
- **땅속의 콘크리트 계단**: 땅속을 파고 부어넣은 콘크리트 계단. 땅과 거칠게 원초적으로 만나는 콘크리트의 물성과 땅 밑으로 내 몸을 움직여 내려서는 공간에 대한 경험 작업이다.

- **Hole in the Earth**: A project that creates a space that is the most primitive and sensual of manmade spaces, a site beyond temporal expression in which one can experience the earth and sky from a completely new perspective.
- **Water in the Earth**: The water that wells up at the bottom of deeply dug pits is of the same yin character as the earth, and, contrasting with the earth in its movement, flow and reflection, it reveals a particular beauty. As it is subsumed by the other, this causes us to perceive the beauty of their harmony.
- **Hole in a Hill (Where a Tree has been Uprooted)**: This project is about physical experience when in a round hole in a hill, a hole that might be left behind if a tree were to be uprooted.
- **A Hole in a Hill Covered by Tree Branches**: A hole that has been dug out in a neat and straight rectangular shape and covered with twigs. This hole is one that offers a cosier and warmer experience of the earth, like a mother's womb.
- **Wooden Steps into the Earth**: The smallest possible home with just enough space to sit at a low table or lie down to sleep, entered by walking down wooden steps into the hole in the earth, from which one can look up at the sky.
- **Steel Mass Embedded in the Earth**: A project exploring the experience and perception of a lump of metal so old that its weight has sunk into the earth and which when stood upon imparts a sense of infinite weightiness.
- **Concrete Steps in the Earth**: A yin space that has been dug out and filled in with poured concrete. This offers an experience of the rough confrontation between the materiality of concrete and the earth, negatively defined as a space below which can be reached by one's moving body slowly down.

essay

이때 같이 진행된 작업 중 두 번째 작업인 '땅속의 쇳덩어리'는 석고에 박힌 쇳덩어리 모형으로 제안되었다. 이 공간은 쇳덩어리 위에 올라서서 땅속으로 얼마나 깊이 박혀 있을지 모를 질량감에 대한 경험을 느끼게 해보고자 만든 것이다. 즉 '목재 계단'이 하늘을 향한 것이었다면, '쇳덩어리' 작업은 땅속의 기운 자체를 느끼고 깨닫도록 시도한 작업이다. 즉 땅의 질량과 밀도를 몸으로 느껴 경험하고 이를 인식하도록 의도했다.

그리고 그 후로 15년이 흐르고 나서 이 두 개의 작업('땅속의 목재 계단'과 '땅속의 쇳덩어리')이 통합된 듯한 작업을 하게 되는데, 나는 이를 '땅 집'이라 불렀다. 이 땅집을 짓기 3~4년 전 ㅁ자집을 먼저 지었는데, ㅁ자집의 원래 설계는 땅속에 지붕면이 지표면에 맞닿도록 넣는 것이었다. 하지만 이런저런 해결하지 못한 현실직 이유로 ㅁ자집은 땅 위에 앉히게 되었고, 몇 년 후 원래 하고자 했던 것처럼 땅속에 집(땅 집)을 온전히 묻고 그곳을 목재 계단을 통해 내려가게 했다. 그리고 시공 중 저녁 늦게 방문한 현장에서 오랜만에 반딧불이를 발견하곤 경이로웠다. 가벼운 바람에 흔들리는 나뭇가지를 깊게 파놓은 땅에 내려서서 올려다봤던 청명한 여름밤을 지금도 잊을 수가 없다.

땅 아래 2.4m를 내려가 올려다본 나무들 사이로 보이는 하늘의 청명함과 ㅁ자집의 콘크리트 박스 지붕 위에 올라서서 내려다보는 땅의 느낌은 사뭇 다르다. 땅에서 올려다본 나무와 하늘, 콘크리트 박스 위에서 내려다보는 땅… 그 느낌은 시각적이기보다는 내 몸이 위치해 있고 닿아 있는, 몸으로 체험하고 인지하는 그 무엇일 것이다. 즉 이성적, 시각적 이해를 넘어서는 본질적이고 본능적인 경험과 인지의 차이일 것이다. 이는 궁극의 지속가능한 건축으로의 출발점이라 할 수 있겠다. 땅의 존재, 빛의 존재, 바람의 존재, 식생의 존재를 내 몸으로, 내 코로, 내 귀로, 내 피부로 깨우치게 하는 것, 이것이 지속가능한 건축의 궁극적 출발점이자 도착점인 것이다.

Of these projects, all of which I was working on simultaneously, only in the second project did I propose a steel mass moulded in plaster, entitled 'Steel Mass Embedded in the Earth' to explore whether one could gain a sense of the weight of the metal simply by standing on top of it. In short, if 'Wooden Steps into the Earth' was about looking up at the sky, 'Steel Mass Embedded in the Earth' was about sensing and becoming aware of the earth's energy. In other words, it was to feel and experience the weight and density of the earth.

After another fifteen years had gone by, I worked on a project that seemed to be the sum of these two projects, 'Wooden Steps into the Earth' and 'Steel Mass Embedded in the Earth', and I named this project the 'Earth House'. 3 – 4 years before I built the Concrete Box House. In the original blueprints for this project I intended the roof to lie flat across the land. However, due to a number of unresolved practical issues, the Concrete Box House came to be positioned atop the earth. It was after another few years that I carried out my original intention for architectural concealment, entombing the house within the earth, with wooden steps as the only means of access. During the construction of the Earth House, on one occasion I visited the site late at night and to my awe discovered fireflies there. The memory of looking up at the branches waving in the gentle night breeze on that clear summer night, from deep within the depths of the earth, is unforgettable.

The experience of looking up at the trees and the clear sky from a depth of 2.4m underground, and the experience of looking down into the earth from the roof of the Concrete Box House offer quite different impressions: the trees and sky seen from deep within the earth and the earth viewed from atop a concrete box ⋯ This sensation is not a visual one but one of physical placement, which suggests, perhaps, a subtle difference between physical exploration and perception. In short, it is beyond the ideal or a visual understanding, and offers instead a fundamental, instinctive quality of perception. It could be said that it presents the ultimate point of origin in sustainable architecture. The existence of the earth, of light, of wind, of plant-life, felt by the body, the nose, the ears, the skin, which prompts one to come to this realisation: this is both the starting point and the destination for sustainable architecture.

## 땅에 순응하는 건축 이야기

'땅으로의 건축', '지속가능한 건축'은 땅을 지배하는 건축이 아닌 땅을 따라 흐르고 꺾이고 때론 휘감아 돌며 땅에 순응하는 건축이다.

땅에 순응하는 건축을 만들기 위해서는 먼저 그 땅이 가지고 있는 성격과 흐름을 잘 읽어내야 한다. 땅이 가지고 있는 기운의 흐름, 경사의 흐름과 패턴, 바람의 흐름과 방향, 빛의 흐름, 그리고 때론 식생의 흐름까지 그 땅에 대해 아는 것, 이해하는 것만큼 우리는 그 땅을 더 사랑하게 되고 순응하게 되어 진정한 땅으로의 건축을 만들 수 있게 되는 것이다. 그리고 이렇게 탄생한 '땅으로의 건축'은 피라미드나 그리스 신전, 혹은 팔라디오(Andrea Palladio, 1508-1580)의 라 로툰다(Villa Capra La Rotonda, 1571)와 같이 중앙집중적 공간 구조를 취하거나, 언덕 위 정수리를 장악하는 건축이 아닌 때론 변형되고, 때론 휘어지며 언덕 위 정수리를 빗겨 앉는 모습을 종종 취하게 된다. 그러다 보면 가장 높은 곳, 가장 아름다운 곳을 빗겨 앉으며 언덕에 기대듯, 물길과 등고를 따라 굽이치듯, 있는 듯, 없는 듯 앉게 된다. 그리고 그 앉혀진 덩어리 또한 바람과 빛이 통하고 때론 시공간이 통하며 주변과 하나로 엮이게 되는 것이다. 그렇게 땅으로의 건축은 땅으로부터 출발하고 땅으로 돌아가는, 땅의 일부가 되는 건축이다.

## About Architecture Compliant with the Earth

Architecture towards the earth, or sustainable architecture, does not seek to conquer or triumph over the earth. Instead, at times it turns with the earth, and at other times it winds around the earth, submitting to the alluvial flow.

For architecture that is truly compliant with the earth, an understanding of the characteristics and flow of the earth is imperative. It is when one has a true understanding of the flow of energy – of the flows and patterns of its slopes, of the flow and direction of the air, of the flow of light and at times the cycles of the plant-life – when we truly love and submit ourselves to the earth, that we may attempt to create architecture towards the earth. Architecture that is created in this way is not comparable to the imperial architecture as epitomized by the Pyramids or by Grecian temples, or even by the Palladios (1509 – 1580) Villa Capra La Rotonda (1571), all of which demand a focus of attention or dominate the landscape, sat atop a hill. On the contrary, it is a shifting thing, sometimes here, sometimes seen off centre. In the most beautiful places it, materialises in harmony with its environment. Discreetly leaning against the side of the hill, or placed as though climbing the swell of a wave, it sits, visible, yet is still at one with its surroundings. Air and light and space and time will enter it as it sits there, and making it one with its surroundings. In this way, architecture that is of the earth begins with the earth, and returns to the earth, and becomes a part of the earth.

## 땅과 대응하는 담백함과 순수함에 대한 이야기

땅으로의 건축은 또한 담백해야 된다. 땅만큼 담백해야 땅의 일부가 될 수 있기 때문이다. 그 담백함은 공간 구성에서도, 재료의 사용에 있어서도, 그리고 때론 그 건축을 만드는 구조나 시공 방법에서까지 일관되어야 한다.

- **공간의 담백함**: 공간 구성은 스스로의 형태를 먼저 취하거나 규정하기보다는 가장 단순하고 순수하게 시작되어 주변과 땅의 흐름 등에 순응하며 변형 조정해야 한다. 즉 먼저 작위적 형태를 만들어가는 것이 아니라, 최소한의 필요 공간을 위치시킬 때 땅을 먼저 읽고 그에 맞는 적절한 건축을 창의적인 방법으로 만들어 나간다. 그리고 건축의 풍요로움은 그 땅과의 관계성에서 나오는 것이어서 건축적 공간 자체는 단순명료하며 담백해야 한다.
- **재료의 담백함**: 공간을 만들고 둘러싸는 재료는 가능한 적게, 세 가지보다는 두 가지, 두 가지보다는 한 가지만으로 시작하여 땅과 주변의 환경에 맞게 절제되어 첨가 혹은 변형해야 한다. 그 첨가와 변형은 마감을 섬세하게 혹은 거칠게 처리함으로써 절제된 재료도 상황의 필요에 따라 대응하며 풍요로움을 더할 수 있을 것이다.
- **구조와 시공의 담백함**: 땅으로의 건축은 그렇게 땅에 묻히거나 기대어지거나 하는 여러 복잡한 유기적 상관에 직면하게 된다. 그런 만큼 일반적 건축보다는 창의적이되 힘의 방향과 흐름을 잘 파악하여 땅과 산에 같이 더불어 있기 위한 창의적이고 담백한 구조 시스템이 어울린다. 이 세상에 존재하는 모든 자연의 구조가 각각 가장 합리적이고 유기적이며 또한 창의적인 것처럼.

## About Simplicity and Purity of Architecture that Corresponds to the Earth

Architecture towards the earth must also be simple. It must be as simple as the earth so that it can become a part of the earth. This simplicity must be defined in relation to the structure of the space, the materials used, and sometimes even in relation to the structure itself or the construction methods employed.

- **Simplicity of Spaces**: The elements of a space must not begin a preconceived form, but rather develop from the simplest purest form, able to adapt and accede to the flow of the earth that surrounds it. Contrary to a contrived form, one must seek the minimum viable space and read the earth to discover the most appropriate architecture, creatively seeking methods for its construction. And the serenity of this architecture will result from its relationship to the earth. As such, the space will be simple but all the purer for that reason.
- **Simplicity of Materials**: The materials used in making the space must likewise be minimal, using the fewest possible – perhaps only two kinds of materials rather than three or one where there are two – to adapt and potentially alter according to the conditions of the surrounding terrain. Depending on the chosen finish, the inclusion or adaption of those materials may be rough or subtle, and so the restrained use of materials also adds to the serenity of the finished work.
- **Simplicity of the Structure and Construction Methods**: In this way, architecture towards the earth must face a range of complicated organic confrontations. For this reason it requires more creativity in one's understanding of the direction and flow of energy, devising an imaginative system of structural simplicity that is in harmony with the earth and the mountains. This mimics our sense that everything in nature operates with the greatest possible efficiency, the greatest organicism, and the highest level of ingenuity.

## 지속가능성에 대한 이야기

땅이 그 무엇보다 환경적이니만큼, 땅으로의 건축 또한 무엇보다 친환경적이다. 먼저 바람길과 물길, 햇빛 길의 흐름을 잘 파악하여 앉혀지고 조절된 건축물은 산과 땅과 숲의 자연스러움을 따르며 그 산과 숲과 더불어 호흡하고 살아간다. 그리고 그렇게 또 때론 땅속에 묻혀서 땅의 기온을 받아 여름에는 시원하고 겨울에는 따뜻하다.

그렇게 작은 공간 안의 환경이 조절되면 그 작은 공간이나 건축물을 둘러싸고 있는 나머지 주변의 많은 공간에 좋은 영향을 미치게 되고 그 또한 자연에 의해 저절로 이루어진다. 예를 들어 바람 길은 땅의 굴곡을 따라 흐르고 있어 여름에는 그 길을 따라 시원한 산바람이 내려온다. 특히 그곳에 물길이 있으면 더 시원한 바람이 분다. 그리고 겨울의 찬 바람은 능선 위를 스치며 불기 때문에 땅에 기댄 건축 공간에서는 바람이 잦고 온화하다.

땅에 붙어 있는 집은 작아도 그 땅과 면한 주변 공간들이 잘 나누어지고 정리되어 많은 삶을 담을 수 있다. 작아도 큰 집인 셈이다. 작은 실내 공간과 많은 주변의 실외 공간이 하나가 되어 작동하는 유기체와 같은 것이다. 땅으로의 건축은 땅과 더불어서 집을 짓고, 땅과 더불어 살며, 그 땅과 함께 있는 주변의 모든 것을 몸소 체험하며 품고 살아가는 지속가능한 큰 건축인 것이다.

## On Sustainability

Just as earth is first and foremost environmental, architecture towards the earth must be environmentally conscious above all else. The flow of air, water, and light must be properly understood, and the situation of the building must be modeled on the mountains and the earth that it must live and breathe alongside. And sometimes the building must be buried in the ground, and with the energy of the earth it can stay cool in the summer and warm in the winter.

When the environment within a small space can be adapted in this way, the surrounding area of this small space also benefits and creates a natural formation. For example, the flow of air follows the dips and valleys of the earth, and so in the summer one might find a refreshing breeze when following that path. This is particularly true of sites with water. Moreover, when winter's icy winds come, a house leaning against the ridge provides the coziest refuge.

House that are of the earth may be small but the earth and its surrounding spaces are properly divided, fostering so much life within and without these walls. Although small, they have the expansiveness of a big house. The compact inner sanctum and the wide outdoors connect as though having become a single organic being. Architecture towards the earth, builds homes that are of the earth, encourages living with the earth, experiencing everything that the local terrain might have to offer, and this too, is what defines sustainable architecture.

## 결론으로 하는 이야기

땅으로의 건축은 나의 땅에 대한 무작정의 신뢰와 믿음을 전제로 시작되어 궁극적으로는 땅을 덜 훼손하고 땅에 주어진 지형을 최대한 활용하며 더불어 지내고 함께 사는 방법을 찾는 지혜의 건축이다. 바람길, 물길, 빛 길을 따라 작게 짓고 크게 사는 이야기이며, 멀고먼 이상향의 건축이 아닌 구체적이고, 경제적이고, 솔직담백한 건축일 것이다. 또 때론 모자람의 건축이기도 한데, 일부러 만든 모자람이 아닌 덜 채워지고 덜 만들어진 채로 함께 살아가며 채워져 가는 모자람이다. 즉 자연의 모든 것들이 그 스스로는 모자람이 있고 주변 자연과 어우러져 함께할 때 그 모자람이 서로 상호보완적으로 채워지는 것처럼 이것이 진정한 총체론적 지속가능성의 건축 이야기인 것이다. 그것은 그렇게 주변과 통해 있고, 현실을 통해 있으며, 전통과 통해 있어 어느 것 하나 따로 떼어 설명할 수 없는 서로를 부둥켜안고 뒤엉켜 살아가는 건축이며 삶에 대한 함축적 이야기다.

## Conclusion

In this way, architecture towards the earth was born of my absolute trust and faith in our terra firma. It also arises from my conviction that we must find a wiser form of architecture that is more environmentally friendly, and which will utilise the forms that are given to us in nature. This is the story of building small homes that are deeply conscious of the flow of air, water and light, homes in which to live larger lives. And so, it follows that architecture towards the earth is not some lofty ideal but a specific, economical, simple, and down-to-earth architecture. It is sometimes the architecture of less, and this lack is not a deliberately contrived void but a natural and organic one, an absence with which one can co-exist and which might naturally fill over time. As in nature, each organism has an inherent dependency on its surroundings, so the philosophical basis of holistic sustainable architecture must be based upon are cognition of the need for the built environment to co-exist in a similar way, with an inherent dependency on its surroundings. In this way, it must communicate with its surroundings, while dealing with tradition and contemporary reality, becoming a breed of architecture that will exist in the unescapable embrace of these three things, just as its occupants do. This architecture represents the ultimate ideal in sustainability, and is the fullest expression of what holistic sustainable architecture can be.

works

땅 집:
땅속으로 들어가 앉은 …

Earth House
To enter the earth and sit down …

파란 하늘을 향해 지붕과 땅이 열린 이 집을 나는 '하늘 집'이라고도 부른다. 내가 좋아하는 시인 윤동주의 '하늘과 바람과 별과 시'를 기리는 마음으로 설계했던 이 집은 대학원 시절 졸업논문 프로젝트를 발전시켜 나온 결과물로 가장 단순하고 원초적이고 땅에 대한 나의 생각을 구체화한 집이다. 어릴 적 나의 뇌리에 깊이 박힌, 친구 어머니께서 마지막으로 몸을 누이셨던 반듯한 사각의 땅속 공간은 죽음과 동시에 생명과 희망의 뿌리가 되는 공간이기도 했다. 땅속 공간에서 끝없이 열린 하늘을 올려다보고 있노라면 마치 엄마의 품에 안겨 있는 듯한 편안함과 원초적인 고요함과 차분함이 증폭된다.

With its roof and land open to the halcyon sky, I also think of this house as the 'House of the Sky'. This home was built in homage to a poet I greatly admire, Yun Dong-ju and to his poem 'Sky, Wind, Star and Poem'. It is, of all the projects developed from my graduate thesis, the simplest and most fundamental, and the one that best embodies my thoughts about earth. The straight, rectangular space in the ground, where my friend's mother was finally laid to rest – a memory so deeply embedded in my consciousness – is simultaneously a place of departure and a place in which life and hope can take root. Staring up at the endless sky from within the depths of the earth is as comfortable, peaceful and calm as a mother's warm embrace.

땅속으로 들어간다는 것은 다시 생명이 태어나는 것이고 동시에 다시 뿌리로 돌아가는 것이기도 하다. 땅을 판다는 행위 자체는 어찌 보면 '땅속'이란 가장 안전하고 좋은 곳, 인간이 속해야 할, 돌아가야 할 영역이라는 인간의 본능적인 판단일 것이다. 가장 원천적이면서도 궁극적인 집. 한 평짜리 방 6개와 작은 마당이 전부인 이 집은 성인 남자가 두 다리를 뻗고 누울 수 있는 정도의 빠듯한 크기의 방과 서재, 부엌, 화장실이 놓여 있다. 좁은 개구부, 외부와 단절된 땅 집으로 들어가는 유일한 통로는 성인 한 명이 서면 꽉 차는 계단실 끝의 회색 철문이다.

To enter the earth is at once a re-birth and a return to one's roots. One might say that a desire to enter the earth is instinctive for humans, yearning for the safest and best place of which humans must be a part and to which they must return. It is our first and most fundamental home and yet simultaneously the home of our greatest extremis. The Earth House is composed of a small yard and six rooms of about 3.3 m² in area, comprising a kitchen, a bathroom, rooms and a study just big enough to fit an adult male sitting with outstretched legs. The narrow entrance is the only means of entering the Earth House, which is walled in from the outside. There is a grey steel door at the end of the stairs that barely accommodates a single adult.

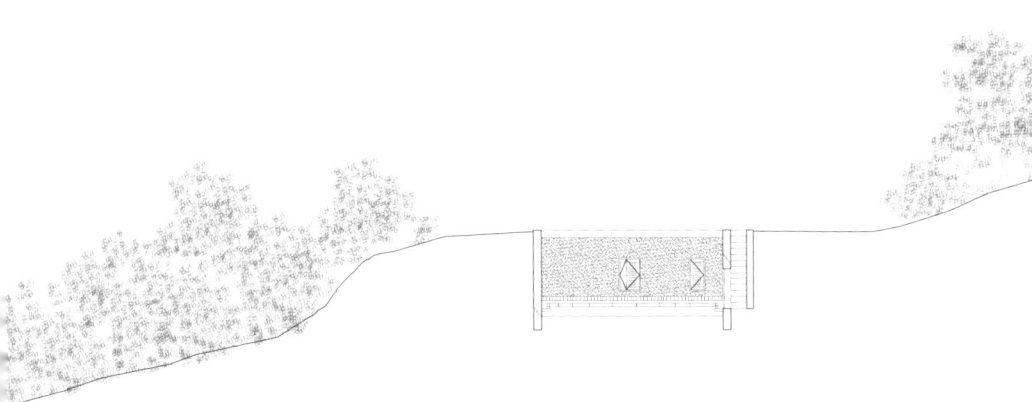

교도소를 연상시키는 철문과 좁은 공간은 단절과 은둔을 떠올리게 하지만 정작 그 속에서 경험하는 것은 확장과 희망이다. 자연을 어떻게 경험하고 받아들일 것인가, 사람이 이 안에서 하게 되는 경험과 인식에 중점을 두었다. 땅속으로 꺼져 있지만 들어가면 하늘만 보이는 집. 물질적으로 보면 땅이지만, 경험 자체는 하늘이 된다. 이 집에서 하루를 보내고 나면 기억에 남는 것은 하늘뿐이다. 프레임을 통해 달이 차고 기울 때, 바람이 불 때, 나무가 흔들릴 때의 인상이 훨씬 강하게 남는다.

Although the narrow, prison-like grey steel door might initially inspire feelings of detachment and isolation, the actual experience of being within the house is one of expansiveness and hope. The focus is on how nature ought to be experienced and received, and the experiences and perceptions that humans encounter within the natural world. It is a home that is sunken into the earth but from it the only view is the sky. One's physical state is set within the earth but the actual experience is that of the sky. This impression is much stronger when looking up at the sky from within the house, the house itself providing the frame for viewing the waxing and waning of the moon, the blowing of the wind, the waving branches of the trees.

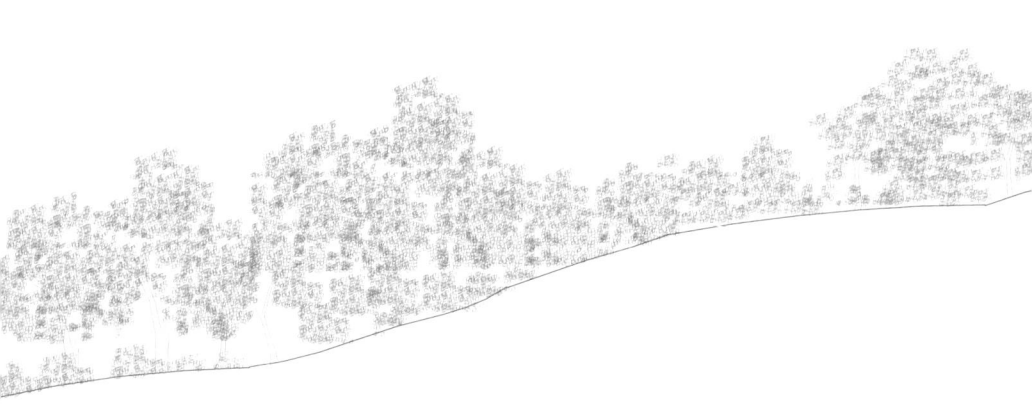

집의 삼면은 두터운 콘크리트 벽으로 둘러쳐져 있고, 한 면은 집을 짓기 위해 파낸 그 땅의 흙을 다져 만든 다짐흙벽이다. 영구히 그곳에 있을 35cm의 두터운 콘크리트 벽은 곳곳에 나무 조각을 끼워 시간의 흐름과 더불어 썩어가게 만들었다. 나무가 썩으면서 버섯과 풀도 자라고, 이끼도 생기고 어디선가 날아온 씨앗도 싹을 틔울 것이다. 완성에 목적이 있다기보다, 과정이 중요한 집이다. 이 집이 살아가며 쌓아갈 아름다운 추억을 담고 경험과 인식의 과정을 담는 그릇이 되기를 바란다.

절박했던 시대의 윤동주의 시가 항상 미래를 향하여 희망을 노래했던 것처럼, 그가 미래에 대한 희망을 자신에 대한 절제와 성찰을 통해 이루고자 했던 것과 같이, 나는 이 집이 이 시대의 '우리'를 돌이켜 볼 수 있는 집이기를 바랐다. 땅 집 옆에 깊은 우물을 하나 만들었다. 우물에 비친 자신의 모습을 보고 돌아서서 가다가 측은해 돌아오고, 다시 돌아서 가다가 이내 그리워져 돌아오는 윤동주의 시 '자화상'을 생각했다.

Three sides of the house are surrounded by thick concrete walls, and the remaining side is a wall made of compacted earth taken from the earth dug up in order to build this house. In the 35cm thick concrete walls, intended for posterity, wooden pieces have been inserted to decay over time. As the wood decays, fungi, grass, and moss will grow, and even provide a seeding place for seeds airborne from other places. For this house, the goal is not completion, but it is about process. My hope is that this house will become a repository for beautiful memories, and encouraging the processes behind experience and perception that occur in the everyday business of life.

Just as Yun Dong-Ju's poem looks to the future and to hope from a time of struggle and urgency, and just as he desired to create hope through self-restraint and introspection, I also hoped that this house could become a place to reflect on the 'we' of this generation. Making a deep well beside the Earth House, I thought of Yun Dong-Ju's poem 'Self-Portrait', in which the subject looks at his reflection in the well, and is motivated by pity and sorrow to keep returning to that reflection in the well.

위치: 경기도 양평군 지평면 통로골길 57번길 38 / 용도: 서재, 명상실
Location: 38, Tongnogol-gil 57beon-gil, Jipyeong-myeon, Yangpyeong-gun, Gyeonggi-do, Korea / Programme: study, meditation

043 Earth House

works

ㅁ자집:
경사면에 박히며 하늘과 땅을
향해 뚫려 있는…

Concrete Box House
To be submerged in a slope and open to
the earth and sky…

13.4×13.4m의 정사각형 공간이다. 땅속에 박스형 공간을 묻어 놓은 것이 땅 집이라면 ㅁ자집은 박스형 공간을 대지 위에 올려 놓은 것이다. 정사각형 모양의 박스는 밖에서 보기에는 육중하고 사방이 막혀 있지만, 내부로 들어가는 순간 집 안으로 좁혀 들어가기보다는 집 밖의 자연으로 확장되는 느낌에 가깝다. 끝없는 가능성 안에서 즉흥적으로 거닐다 보면 결국엔 완전해진다는 것. 보나 기둥 없이 이어진 하나의 공간 안에 고목재 10개를 세웠다. 오래된 나무 기둥을 적당한 자리에 세움으로써 하나의 텅 빈 공간에 움직임이 생기고 자연스러운 동선을 유도하게 되었다.

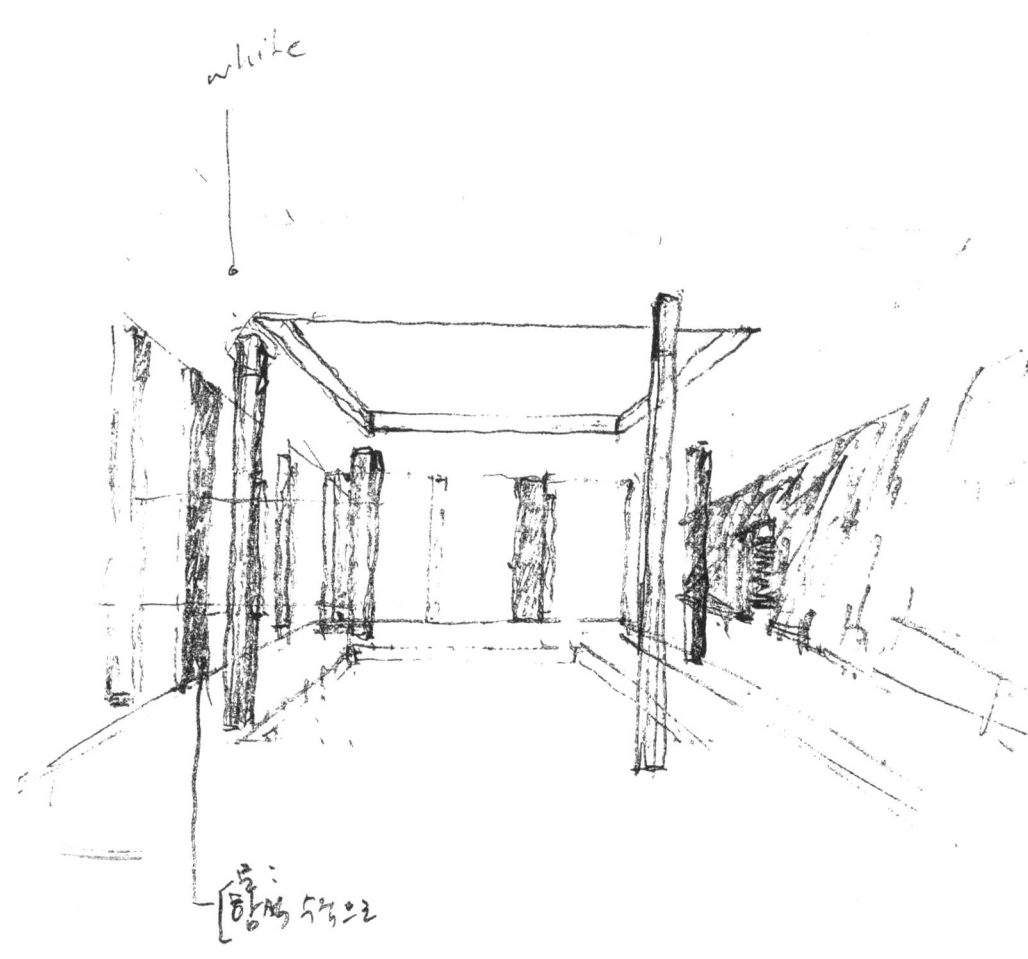

## Concrete Box House

This is a square space, measuring 13.4 × 13.4m. If the Earth House is a box embedded within the earth, the Concrete Box House is a box placed on top of the earth. Although from the outside the square box shape appears imposing and impenetrably enclosed, upon entry the feeling is not that of penetrating the narrower space of a building but rather of entering a space that expands to include the natural surroundings of the house. The practice of instinctive wandering open to endless possibilities ultimately brings one to completion. Within a space that opens up, lacking in any beams or pillars, I erected ten wooden pillars. Placing these ancient pieces of wood in appropriate places adds a dynamic dimension to the room by suggesting a natural flow to the overall movement of the building.

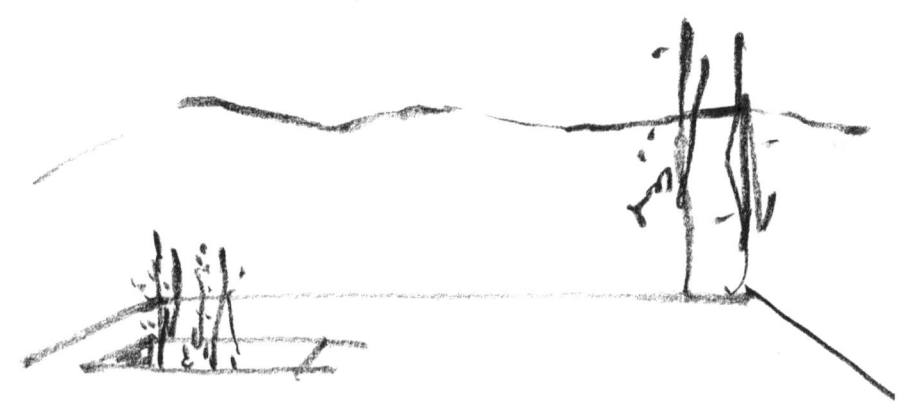

자연스럽다는 것, 그것은 참 애매모호하다. 적당하다는 말과도 비슷하다. 하다 말고 남겨진 상태의 '여백의 미'라고 생각한다. 절제되어 적당히 모자람이 아닐까. 나는 작업할 때 직선의 사각 박스 개념을 자주 사용하는데 박스 형태의 건축물은 작업하는 이들의 입장에서 볼 때, 도면 그리기와 짓기가 쉬울 뿐 아니라 형태는 단순하지만 내적 경험은 다채로운 공간을 만들기 위함이다. 최소한의 것만을 지닌 담백한 공간, 가장 단순한 박스 형태지만 달빛과 바람과 흙과 비가 함께하는 건축, 건축적으로 특별한 무언가가 있는 건 아니지만 그저 자연을 즐길 수 있는 공간이면 충분했다.

가운데 5×5m의 하늘로 향한 개구부, 땅으로는 그와 같은 크기의 연못을 만들어 하늘과 땅과 별과 바람을 담았다. 수정원은 지하수를 끌어와 흘려 보내고 그 물이 지하로 스며들었다가 다시 돌아오게 함으로써 자연스럽게 재생산이 가능하도록 했다. 이 집은 심플하고 담백한, 최소의 요소만 가지고 있다는 공간적 개념이 중요하다. 게다가 콘크리트를 문질러 방수효과를 낸 것과 철 프레임 없이 콘크리트에 바로 유리를 넣은 창의 마감, 최소한의 콘크리트 타설 등 여러 가지 실험과 새로운 시도들이 좋은 성과물이 되어 친환경적이면서 간결함을 유지할 수 있게 되었다.

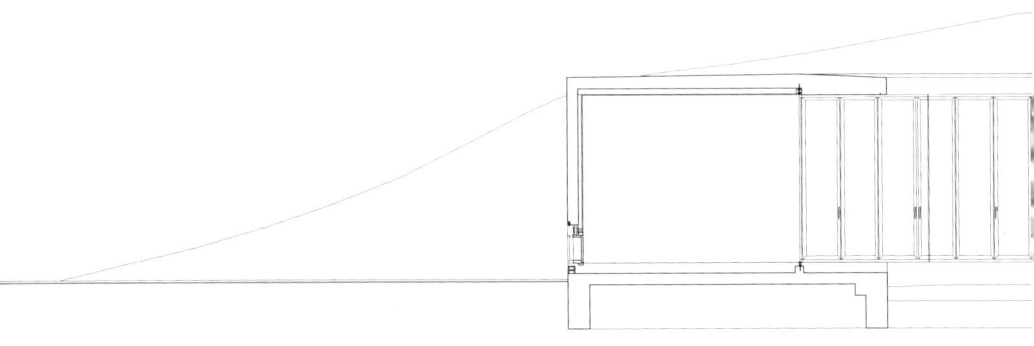

위치: 경기도 양평군 지평면 통로골길 57번길 26-13 / 용도: 작업실
Location: 26-13, Tongnogol-gil 57beono-gil, Jipyeong-myeon, Yangpyeong-gun, Gyeonggi-do, Korea /
Programme: workroom

## Concrete Box House

What do we mean when we say natural? It is a very ambiguous thing. Perhaps it's closest in sense to suitable. In my opinion, it can be defined as the beauty of the empty spaces in things left unfinished. Or perhaps it is an absence left behind in the application of restraints. In my work, I often utilize the form of a box with straight lines, and not only is this shape easy to accommodate when drawing up plans and during construction, it is a shape that combines a simplicity of form with the possibility of diverse and varied interior experiences. A simple space is one without any special architectural features, shaped into the very simplest form of a box and furnished only with the absolute minimum. This is the architecture of air, moonlight, and earth, where it is enough for it simply to be a place in which one may commune with nature.

In the 5 × 5m inner courtyard, open to the sky, I made a pond of the same size in which to reflect the sky, the earth, the stars and the wind. The pond naturally refills and purifies water through a process of dragging up subterranean water and then allowing it to flow back into the ground, slowly sinking back into the earth to begin the cycle again. The simplicity and purity of building with the minimum of materials is important, but by using rubbed concrete for insulation, placing glass directly into the concrete rather than employing a steel frame, reducing the amount of concrete pouring, and the application of various other experiments all happily result in a building that is also environmentally friendly and concise.

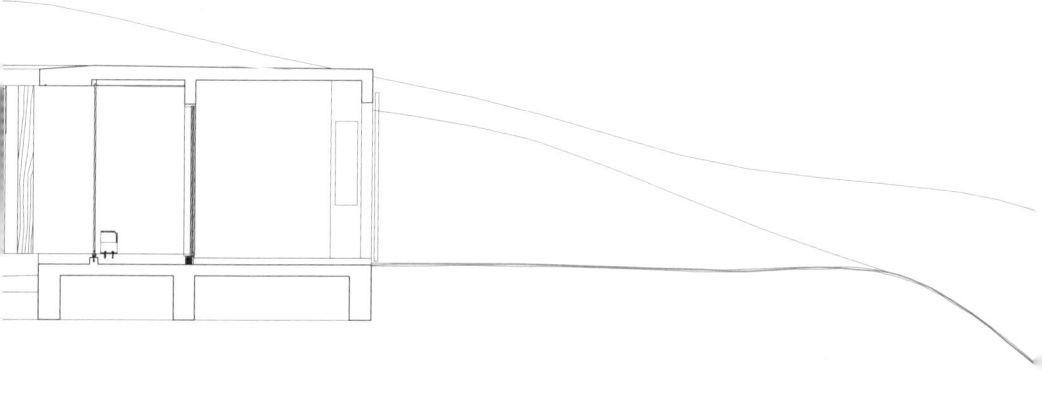

## Concrete Box House

works

땅속 명상집:
언덕을 따라 꺾이며
땅으로 들어가는…

In-Earth Meditation House
To follow the slope and enter the earth…

건축의 역할은 결합이다. 공기와 빛, 주변 환경, 정서, 형이상학적 감각을 경험할 수 있도록 이어주는 것이다. 이것은 조화로움, 군더더기나 내재하는 어지러움이 없는 신성한 결속력 같은 걸 의미하기도 한다. 그러므로 건축의 역할은 자연에 거스르지 않고 자연을 받아들이는, 자연으로의 최소한의 개입이다.

평온한 제주에 위치한 대지는 아름답게 펼쳐진 완만한 구릉 지대에 바닷바람이 부는 곳이다. 세 개의 각기 다른 사각 모양의 건물이 지대의 흐름을 따라 각기 다르게 자리를 잡았다. 땅속 명상집은 한쪽 비탈 아래를 향하고 있다.

# In-Earth Meditation House

The role of architecture is to bring things together, connecting individuals to the experience of the air and light, to the local area, to one's emotions, and to metaphysical sensations. It is about creating harmony, devising a sacred bond without extraneous detail or in-built distractions. Therefore, the role of architecture is not to be reactive to or to distort nature but to be receptive and offer an open experience of nature through minimal interventions.

Situated on the peaceful island of Jeju, the In-Earth Meditation House is a place defined by its sea breezes and gentle rolling hills. Three different square-shaped buildings are placed in slightly different ways, in flow with the surrounding area. The In-Earth Meditation House is on one side.

땅속 명상집은 땅속에 파묻힌 사각 공간이다. 의도적으로 길게 만든 입구는 조금씩 아래쪽을 향해 내려가는 긴 계단과 콘크리트 벽을 사용해 공간으로 들어가면서 느끼는 기대감을 증폭시키는 한편 땅속으로 들어가는 경험을 상징적으로 보일 수 있도록 했다. 작은 앞마당(중정)은 건물 내부와 자연을 연결해 주고 인간과 자연의 교감을 가능하게 해준다. 실내 마감은 담백하고 깨끗하게 최소한의 요소만 갖추고 있다. 실내에서 나무숲 쪽으로 나가는 슬라이딩 도어의 바깥 공간까지 연장된 바닥은 사용자가 이 공간을 친숙하게 느끼고 온전히 혼자만의 공간으로 느낄 수 있도록 해준다.

The In-Earth Meditation House is a square firmly embedded in the earth. The entrance, constructed as a long space, emphasizes the profound symbolism of the experience while at the same time creating a sense of anticipation, of the experience to come. The courtyard connects the building inside with nature, and it enables a communion between nature and man. Turning towards the interior, one notes that it is furnished with only the simplest and most minimal of necessary touches. A feeling of familiarity, serenity, and isolation is present within the space due to a floor that extends beyond the sliding doors, opening up towards the forest.

위치: 제주특별자치도 제주시 / 용도: 명상실
Location: Jeju-si, Jeju-do, Korea / Programme: meditation

In-Earth Meditation House

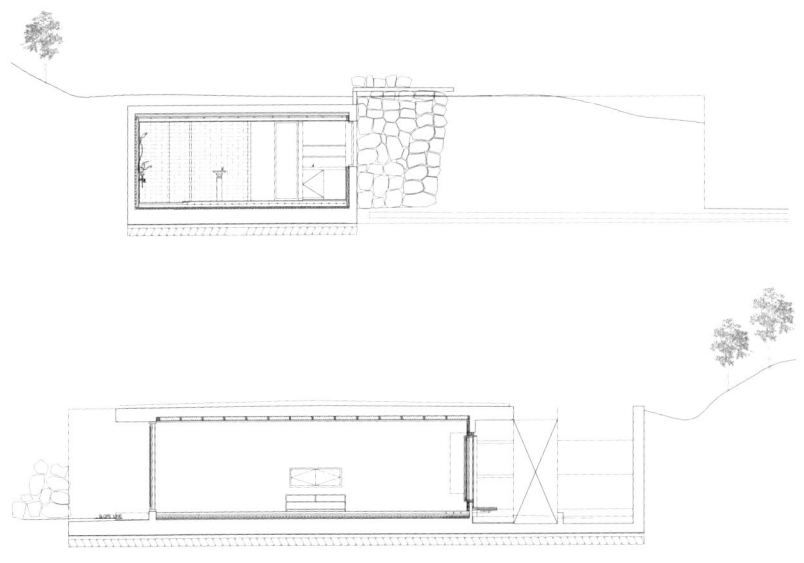
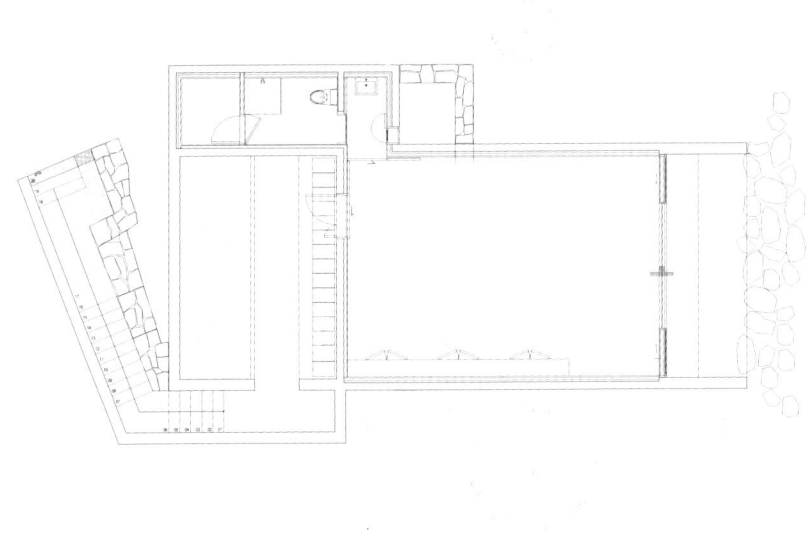

071  In-Earth Meditation House

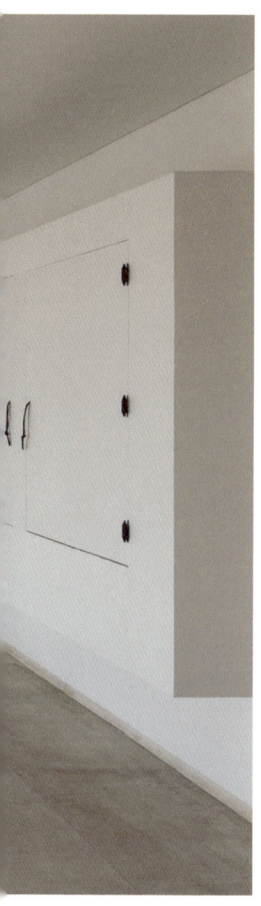

works

꺾인 지붕 집:
땅의 등고를 따라 꺾이며
지붕과 경사가 하나 되는 …

Tilted Roof House
Being tilted following the slope of the
earth … being unified with the tilted roof …

## Tilted Roof House

가파른 경사면에 자리한 대지 위에 박스 형태를 땅속으로 끼워 넣듯이 자리를 잡고 그 위에 경사면과 일치하도록 지붕을 꺾었다. 지붕을 꺾어 경사면을 따라 올라가다 보니 지금의 형태가 되었다. 대지의 형태와 조건이 까다로워 여러 번 설계가 변경되었으나 주변 경관과 건축물의 근원적인 관계를 끊임없이 고찰한 결과 지금의 형태를 얻게 되었다. 주변 자연환경을 생각하여 자연의 기 흐름을 방해하지 않도록 산 비탈에 지붕면을 맞추고 아래쪽은 차도와 접하기 위해 수평으로 만들어 독특한 형태가 되었다.

This square, box-shaped house is placed at an angle to a steep slope and its roof is tilted so that it forms a continuous incline with that slope. The shape of the house is the result of tilting the roof to follow the incline of the slope. Although the demanding conditions of the terrain required several changes to the plans, the final shape is the result of a commitment to explore the fundamentals of the relationship between the building and its surroundings. Its unique shape is the direct result of building in harmony with the Ki of nature: the slope of the roof follows the contours of the landscape, while the lower half of the house is flat and parallel to the road, enabling easy access.

땅 집과 ㅁ자집의 특성이 결합된 형태인 이 집은 땅속으로 파묻힌 박스 형태 위 지붕에는 3개의 박스 모양으로 뚫린 공간이 있다. 앞쪽의 두 개는 각각 70cm, 80cm 내려 앉은 공간으로 가까운 이들과 앉아서 도란도란 이야기도 나누고 남쪽으로 펼쳐진 산등성이와 멀리 보이는 지평선을 즐기고 밤하늘의 별도 볼 수 있는 공간이 되기를 바랐다. 경사면을 따른 지붕 위에서 낮게 움푹 파인 공간에 앉아서 자연을 바라보고 있노라면 기분이 좋아진다. 나머지 하나는 지붕에서 바닥까지 뚫린 중정인데, 땅속으로 파묻혀 생길 수 있는 채광, 환기의 문제를 해결하고자 만든 중요한 장치다. 여름 남풍이 불어와 자연스럽게 빠져나갈 수 있도록 하기 위함이다.

This house, which combines the characteristics and features of both the Earth House and the Concrete Box House, is set deep within the earth and the roof features three square-shaped, partially recessed areas. The two squares at the front are 70cm and 80cm in depth respectively, and are intended as spaces in which to sit and talk and to enjoy the southern aspect of the mountains, the far line of the horizon, or the stars in the night sky. Sitting in this lowered space, on this tilted roof, communing with the natural surroundings—the perfect conditions to lift one's mood. The last square is a hole that penetrates as a line from the roof to the floor of the house, and is an important feature providing light and air to the subterranean structure. In the summer, it provides natural ventilation by allowing the southern winds to enter and leave the house with ease.

위치: 경기도 양평군 지평면 통로골길 57번길 56-7 / 용도: 단독주택 / 사진: 세르지오 피론
Location: 56-7, Tongnogol-gil 57beon-gil, Jipyeong-myeon, Yangpyeong-gun, Gyeonggi-do, Korea / Programme: detached house / Photographer: Sergio Pirrone

086 works

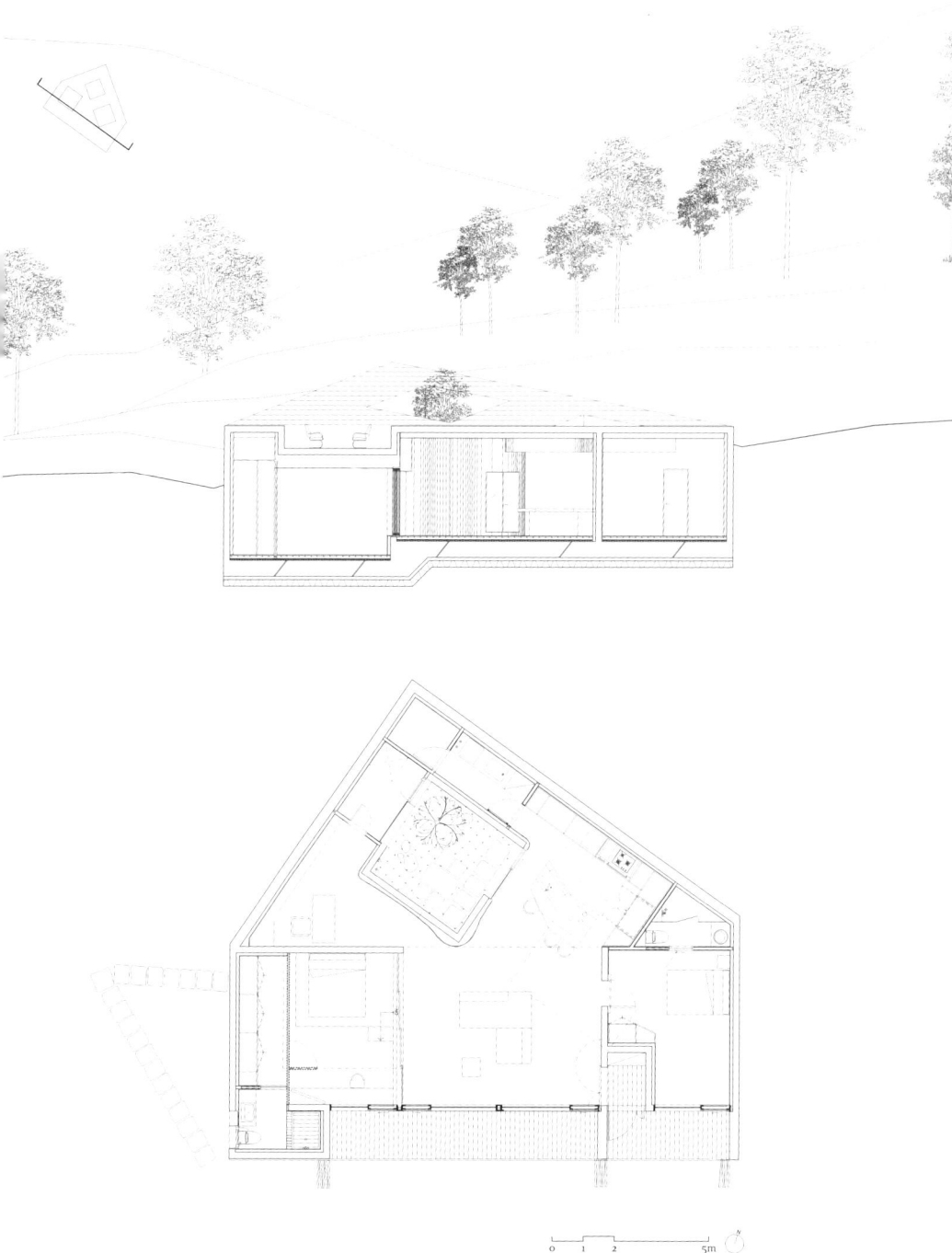

## Tilted Roof House

Tilted Roof House

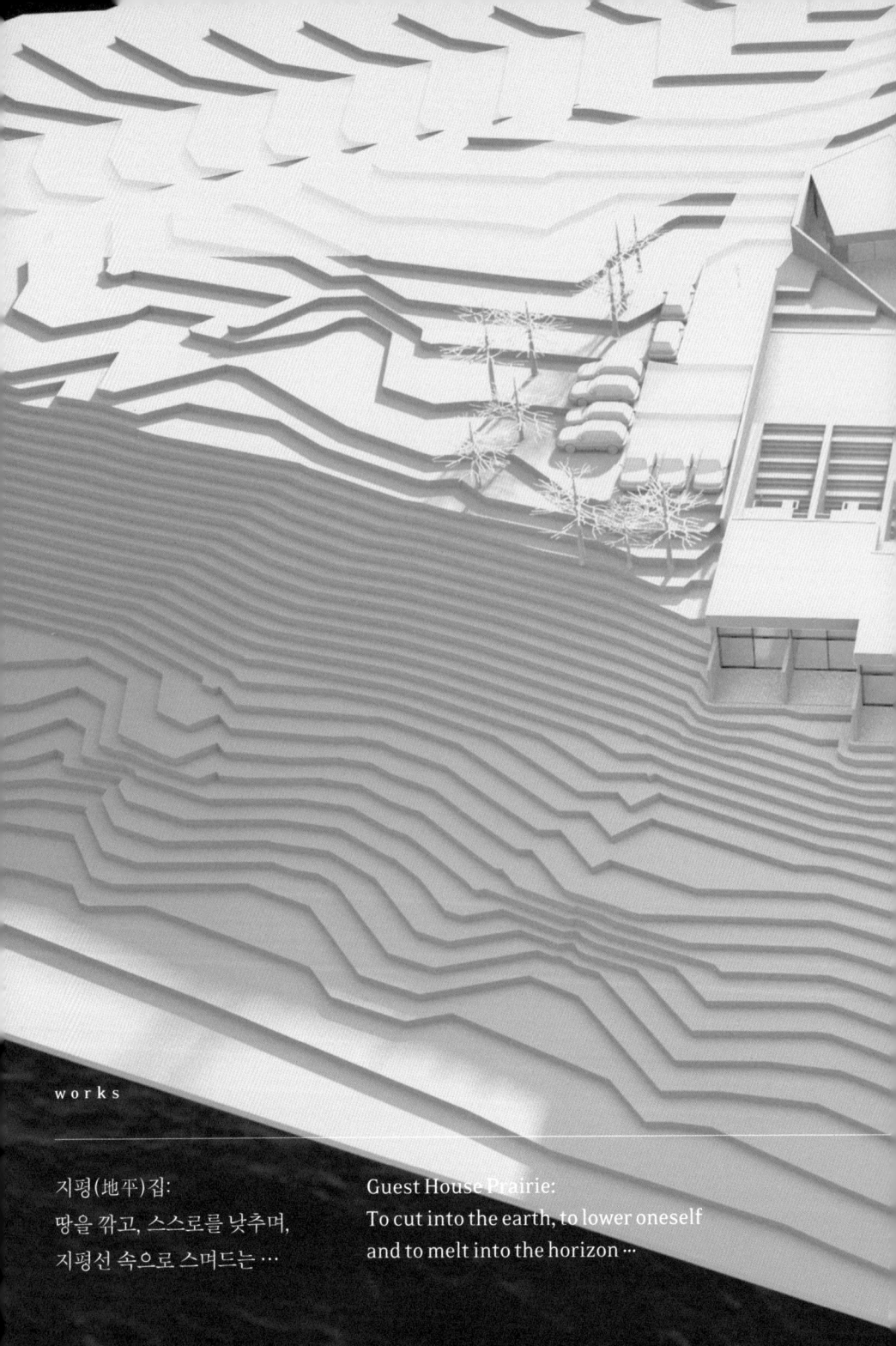

works

지평(地平)집:
땅을 깎고, 스스로를 낮추며,
지평선 속으로 스며드는…

Guest House Prairie:
To cut into the earth, to lower oneself
and to melt into the horizon …

땅 아래 펼쳐지는 산과 빛을 통해 연약한 인간의 삶이 엿보이도록 할 수 있지 않을까? 콘크리트 벽체로 그어진 선과 찢어진 지붕면을 통해 드러내는 따사로운 빛은 거친 바다와 바람에 맞서기보다는 차라리 땅속으로 낮게 스며들어 자신을 낮추고 그들을 경이롭게 바라보겠다는 겸손함의 의지를 보여주는 것이다.

    그곳에 오래 있어 왔던 지형과 식생을 존중하고 그들의 의지와 관계없이 그간 변형된 부분은 가능한 치유하고자 한다. 그리고 그렇게 치유 복원된 지형을 틀로 하여 틈새를 만들었다. 그 틈새는 그곳에 살고 묵을 사람들뿐 아니라, 그저 지나가는 이웃들에게도 평온함과 안식을 주고 그 자연의 지평과 주변이 돋보이도록 해주는 건축적 제안이다. 이렇게 땅을 부분적으로 깎고 스스로를 낮추며 그 땅의 복잡한 등고를 따라 그 속으로 스며드는 건축은 그 틈새들을 통한 자연과의 교감과 체험을 더욱 적나라하게 만들 것으로 기대한다.

## Guest House Prairie

Can the fragility of human life be glimpsed by viewing mountains and light from underground? With lines drawn on the concrete form, and with a roof flung open to let in the warm light, this house does not challenge the rough sea and air but instead humbly sinks into the earth to look on with a serene gaze.

The intention was to respect the local flora and to heal the changes that have been inflicted upon the landscape. And then, within the framework of a restored and healing landscape, there was the opportunity to make an opening. That opening is for the humans who will live there. It marks the architectural proposal to create a place that would provide peace and rest to passing neighbours, and to highlight the beauty of the horizon and its surroundings. My hope is to create a more explicit communion with and exploration of nature through architecture that partially cuts into the earth, voluntarily lowering oneself and following the complex dips and valleys of the earth to create an architecture that melts into the earth.

이러한 제안은 땅 집과 혹은 꺾인 지붕 집이나 마을집 등과 유사하나, 이곳 땅의 형상은 주변의 경관, 찻길 등과 더불어 훨씬 복잡할 뿐만 아니라, 사용적 측면에서의 프로그램 또한 상당히 복잡한 편이다. 이곳에 거주하며 이곳을 지키실 어머니와 방방곡곡에서 찾아올 손님들, 그들을 위한 숙소는 특별한 곳이어야 한다. 그 특별함은 주변을 돌아볼 여유와 소박함이었으면 바랐다. 이렇게 나 자신을 돌아볼 수 있는 소박함 속의 여유는 이 땅이 이미 가지고 있는 천혜의 아름다움을 드러내 줄, 단순한 기하학적 선들과 그 틈들을 통해 더욱 깊게 인지케 할 것이다.

위치: 경상남도 거제시 사등면 가조로 / 용도: 숙박시설(농어촌 민박)
Location: Gajo-ro, Sadeung-myeon, Geoje-si, Gyeongsangnam-do, Korea /
Programme: accommodations

Although this architectural proposal has similar traits to the Tilted Roof House, the Community House or the Earth House, the area in which this house is set has many more topographical complexities, such as the undulating landscape and roads. Furthermore, the purpose of the house is also much more complex. The house must be special for the mother who will live here and keep house, and for the visitors who will travel from many different places to stay here. My hope is that it will be considered exceptional for the leisureliness and simplicity with which it encourages us to look around at our surroundings. In this way, the freedom for introspection can reveal the beauty of the earth and will become apparent through the simple geometric lines and spaces between them.

분平 집.
땅'깥'고, 도로를 넘어, 지평선으로 스며라...
July /'17

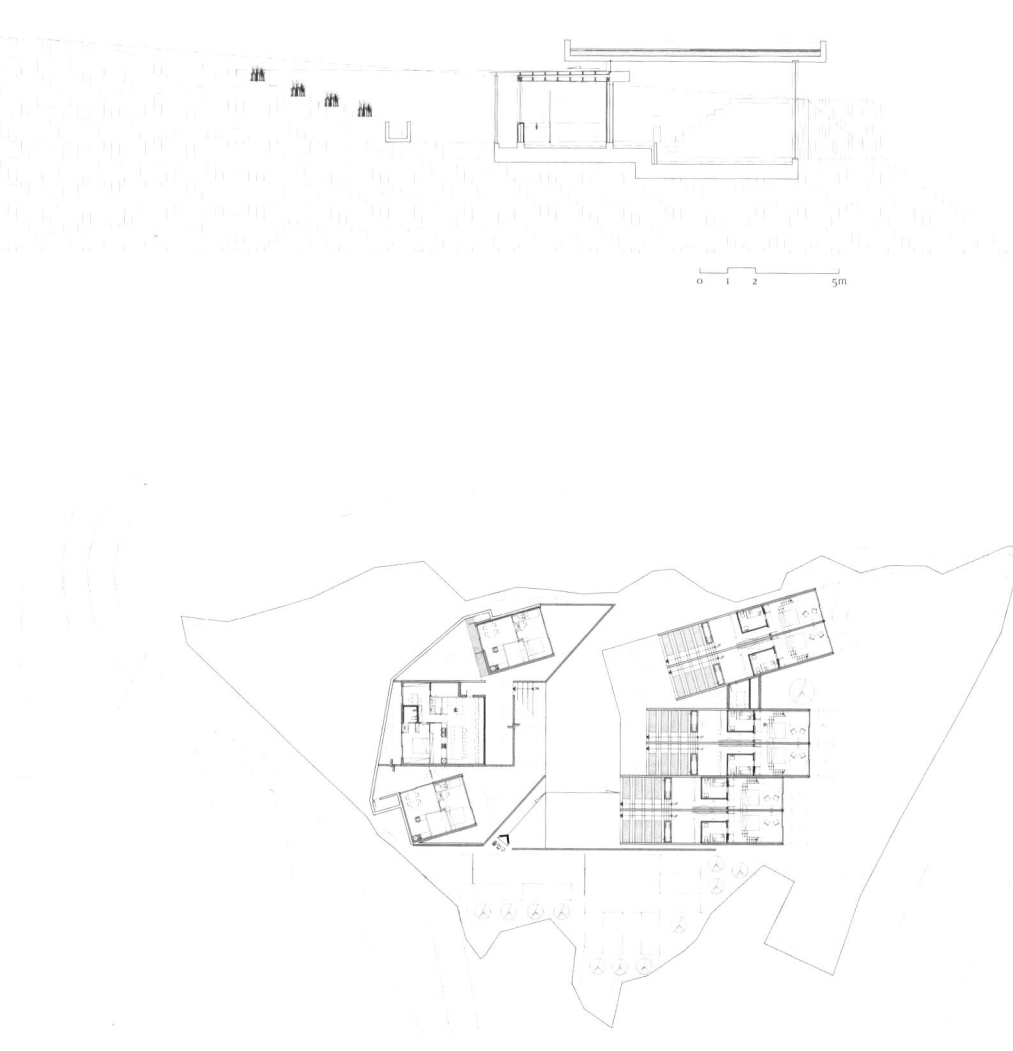

# Guest House Prairie

works

## Guest House Prairie

**염혜원**은 대학에서 연극을 공부했고, 월간「한국연극」, 국립오페라단, 예술경영지원센터에서 일했다. 현재 프리랜서로 드라마터그, 프로그래머 등으로 활동하고 있다.
해당 원고는 필자가 직장 생활을 그만두고 나서 2008년 1월과 7월 'ㅁ자집'에 머물면서 쓴 내용이다. 'ㅁ자집'을 온전히 독차지할 수 있었던 그해 겨울과 여름은 필자에게는 더할 나위 없이 소중한 경험이 되었다고 한다.

**Yeom Hyewon** studied play at the college. She worked at *The Korean Theatre Review*, Korea National Opera, Korea Arts Management Service. As freelancer she works dramaturg, programmer.
This manuscript was written in January and July 2008 when the writer was staying in the Concrete Box House after leaving his office. She said that it was irreplaceable experience staying in the Concrete Box House by himself during the winter and the summer.

diary

땅에서 쓴 일기       Diary Written on the Earth

_ 염혜원(드라마터그)      _ Yeom Hyewon (dramaturg)

# 1.

집은 싱싱한 풀밭 위에 덩그러니 있다. 작은 틈새 하나 없는 이 집은 창도 보이지 않는다. 그저 철문이 하나 보일 뿐이다. ㅁ자집은 밖에서는 그 내부를 가늠할 수 없다. 완벽하게 뼈와 살을 감춰 그래서 보는 이에게 당혹감을 선사하기도 한다. 혹자는 이것이 일반적 범주에서 통용되는 집의 모습과는 거리가 있다고 생각할 수도 있다. 집은 어떤 인위적인 장식이나 기능은 거부한 채 최소한의 형태만을 남겨놓은 것 같다. 아니, 실은 그런 형태조차 중요하지 않다는 인상을 풍긴다.

  시계방향으로 집의 외벽을 따라 걸으면 대략 4분이면 출발했던 자리로 오게 된다. 매끈하지 않은 외벽에는 처음 콘크리트를 붓고 거푸집을 뗀 자국이 그대로 남아 있다. 그러한 자국을 아무 생각 없이 따라가다 다시 제자리로 온 순간, 고민에 빠진다. 안으로 들어가려면 육중한 철문을 손으로 밀어제쳐야만 한다. 자동장치는 없다. 높이는 3m가 넘고 폭은 대략 1m 정도인 철문은 보기에도 묵직해 보인다. '접근금지'와 같은 표지판이라도 있다면 이곳에 들어가기를 기꺼이 포기하겠다.

  문 앞에 서 있다. 입구의 시작인 동시에 마지막 출구이기도 한 영역 앞에서 주눅이 든다. 문이 자동으로 열릴 것이라는 기대는 부질없음을 곧 깨닫게 된다. 참 심술궂은 집이다. 하지만 카프카의 『법 앞에서』에 등장하는 시골남자처럼 기다리다 주저앉을 수는 없는 노릇이다. 구원에 대한 절망적 기대감에 함몰되기보다는 이에 대한 적극성을 발휘할 때이다. 철문을 있는 힘껏 밀어내야 한다. 이 집에서 기대할 수 있는 친절함이란 직접 손으로 해결해야 하는 수고로움을 즐기게 해준다는 것이다.

The house sits comfortably atop a bright patch of greenery. Intensely compact, not a single window can be seen, only a single metal door. From its exterior, it is impossible to know what the Concrete Box House might be. The surface perfection with which it hides its flesh and bones is almost unsettling. It defies easy categorisation. Rejecting any decoration or any added features, it is simply a building in its most minimalist form. No, rather, it is a structure that gives the impression of rejecting form itself as unimportant.

It takes about four minutes to walk clockwise around the outer walls of the house and return to where one began. The rough walls still bear the marks of the concrete mould. I walk, without thinking, following these relics, and upon returning to my starting point find myself in a quandary. To enter, I must push open the heavy metal door with my hands. There is no automated system to let me in. The metal door is more than 3m in height and about a 1m wide and it looks imposingly heavy. The addition of a single 'no entry' sign would be enough to complete my surrender and send me on my way.

I stand before the door. It is simultaneously the beginning of the entryway and the final point of exit, and this fills me with diffidence. I soon discover that my hopes that the door is automated are groundless. It is a most mischievous house. However, unlike the peasant in Franz Kafka's *The Trial*, I cannot simply sit and wait. I must reject the temptation to succumb to despair and instead demonstrate agency. I must push that door with all my might. The only kindness I might expect from this house is to learn the pleasure of resolving something through the work of my own two hands.

사방이 고요하다. 방금 육중한 철문을 열 때 느낀 손끝의 찌릿함은 그대로인데 공간은 아무 일도 없었다는 듯 침묵 속에 있다. 손가락과 철문 사이를 지탱해 온 긴장감과 불안은 사라지고 정갈한 또 하나의 문이 보인다. 그 오른편에는 투명한 햇살 아래에서 싱싱하게 자라고 있는 대나무와 하얀 모래, 물을 머금은 작은 석관이 정교하게 연출되어 있다. 그 위로는 맨 하늘과 맞닿아 있는 천장이 보인다. 문을 열고서야 창이 보이고 정원이 있다는 것을 알게 된다. 이곳은 바깥에서는 전혀 가늠할 수 없는데, 집의 내부는 동굴 속 암중에 쌓여 있는 것이 아니라 바람 한 점 없는 날에도 향기를 실어 나르는 숨 틈이 자리하고 있다. 그 사이, 스치는 바람에 대나무는 바스락거릴 것이고 단물 같은 봄비는 석관의 수면 위로 작은 물결을 만들어낼 것이다. 집은 외부와 차단되지 않았다. 다만 외부의 시선으로부터 얼마든지 자유로울 수 있기에 발휘되는 내부의 역동성을 감추려 한 것 같다. 생각해 보면 문 하나를 사이에 두고 교차하는 선명한 대비, 이 긴장감과 안도감은 충분히 극적이라고 볼 수 있다.

　　전실을 통해 실내로 들어가기 위한 나무문은 경쾌하게 열린다. 집의 안과 밖의 경계는 이처럼 대비된다. 마치 차돌같이 단단하고 빈틈없는 덩어리 속에 달걀의 노른자처럼 출렁거리는 이중의 감촉이 들어 있는 듯하다. 하나의 덩어리 안에 유기적으로 꿈틀대는 상이한 체험은 손끝의 감응에 의해 코끝으로 전해진다.

　　옅은 목재 냄새가 나는 실내는 따사로운 봄볕의 기운을 고스란히 담아내고 있다. 여린 살갗처럼 보드라운 빛이 가득하다. 바닥마저 부드러워 보인다. 갑자기 나무 바닥의 온기와 감촉을 느끼고 싶다는 생각이 든다. 파란 줄무늬 양말 속에서 오늘도 온종일 갇혀 있는 엄지발가락과 검지발가락을 까딱 까딱 움직여본다. 내 불쌍한 발가락은 볕을 볼 기회가 많지 않다. 직립보행이라는 인간의 숙명을 묵묵히 감내하는 발바닥과 발가락에 오늘은 왠지 선물을 주고 싶어진다. 결국, 양말을 벗어 던지고 나는 맨발의 방문객이 되고 만다. 온 발가락에 힘을 주어 기지개를 켜보니 이 중 새끼발가락이 유난히 못생겼다는 생각이 든다. 그래도 '네'가 없으면 '나'는 아주 불편할 것이다. 시원, 뿌듯하다.

It is so peaceful. My fingertips still tingle with the excitement of their earlier exertion against the door, but the space itself is unassuming and serenely silent. The tension between my fingers and the metal door fades, and another door, neat and unobstrusive, comes into view. To its right a bamboo tree in white sand grows sturdily in the clear sunlight, positioned beside a stone sarcophagus holding water. Above that the roof can be seen, touching the sky. One must open the metal door to see the windows and the yard. This place, completely unknowable from the outside, is not a dark cave but an airy space where even on completely still, breezeless days, a calming fragrance invites one to pause, to take a breath. A light wind might whisper through the bamboo tree, or the spring rain might make tiny waves across the water in the sarcophagus. The house does not block out the outside world. It simply hides the dynamic of the interior in order to free itself from unwanted gazes. The clear contrast in the two roles of the metal door, a sense of tension and subsequent relief, is sufficiently dramatic.

The wood door to enter the house through the front room opens cheerfully enough. It presents another contrast between the exterior and the interior of the house. It is almost as if a second texture, with the warmth of a bright yellow egg yolk, is nestled within the stolid and stony exterior. The anticipation of an organic adventure within a solid block moves from my fingers to the tip of my nose.

The interior of the house carries the faint scent of wood and the warmth of the spring sun. Like naked flesh it is full of soft light. Even the floor seems soft. I am suddenly filled with the desire to lie down on the wooden floor and simply inhale its warmth and feel its softness. In my blue striped socks, my toes begin to wriggle against their daily cotton prison. My poor toes do not often have the opportunity to feel the sun. I feel an urge to give my hardworking feet some respite, to reward them for their daily, silent service. I take off my socks and become a barefoot guest. Rooting my toes firmly into the floor I lean into a full body stretch and observe that my pinky toe seems unusually ugly. Still, without 'you', 'I' would be extremely uncomfortable. I am both relieved and proud.

2.

눈앞에 자리하고 있는 중정의 열린 하늘을 바라보면서 시계 반대 방향으로 집안 깊숙이 들어간다. 나무 기둥이 보인다. 오래된 향을 품고 있을 것만 같은 나무 기둥들은 불규칙한 형태로 집 안 곳곳에 자리하고 있다. 이들의 배열은 일순 무질서한 나열로 보이지만, 여기에는 숨은 법칙이 담겨 있을 것만 같다. 이 집은 커다란 콘크리트 박스와 같다. 공간의 중심부에는 벽면으로 나누어진 공간이나 보가 없다. 그러다 보니 무거운 천장의 무게를 짊어지고 있는 이 기둥들은 위로부터 내리누르는 하중을 균등하게 나누고 있다. 이 열 개의 기둥은 하늘 축을 떠받치고 있는 셈이다.

Facing the sky that fills the courtyard, I go clockwise, penetrating further into the house. I see a wooden pillar. These irregularly shaped pillars can be found throughout the house, looking as though they secrete some ancient perfume. Although their placement looks random, it feels as though they obey some secret logic. This house is like an enormous concrete box. There is no wall or crossbeam at the centre of this house. Instead, these pillars share the weight of the heavy roof. It is as though these ten pillars bear the axis of the sky.

나무 기둥은 오래된 사찰이 헐릴 때 나온 고재였다고 한다. 건축가는 잘생긴 이들을 눈앞에만 모셔놓고 애가 탔을지도 모른다. 다시 빛을 본 나무 기둥들은 새로운 둥지로 옮겨져 콘크리트 집과 묘한 일체감을 이루고 있다. 절묘한 인연이다. 헌 기둥으로부터 받은 영감을 통해 이 집이 더 단단해졌는지도 모른다. 건축에서도 인연은 유효하다.

전통 한옥이나 사찰에서 나무는 구조재인 동시에 마감재로도 사용된다. 하지만 오늘날 건축재로서 나무는 단단하기는 해도 한 곳에 고정하기는 어려운 소재다. 수분이나 온도에 의해 나무가 틀어지고 휘어지기 때문에 구조재보다 마감재로 선호된다. 특히 이 움직이는 물성이 굳으면 단단하게 고정되는 콘크리트의 물성과 만나는 경우는 드물다. 그런데 ㅁ자집에서는 이 모든 것이 원래가 자연스러운 일이었다는 듯 덩어리를 이루고 있다.

조병수의 ㅁ자집은 곧은 선의 집합체다. 낮과 밤의 순환, 계절의 변화 등에 의해 기둥의 생김이 달라지고 진을 쳐 놓은 듯 기둥과 기둥 사이의 간격이 수시로 바뀐다. 이것은 매우 아찔한 기분을 들게 한다. 대교약졸(大巧若拙)이라 하였던가. 별 기교가 없이 써내려가는 명필의 필치를 오래 두고서야 알아보게 되는 경우처럼 그의 집은 단박에 빠져드는 현란함이 아닌, 좀 더 원초적인 느낌을 전달한다. 이 전달법은 때에 따라서는 꽤 복잡한 심리전을 동반하기도 한다. 마치 공간 자체가 어떤 생각과 의지를 지닌 것 같다.

I am heard that the pillars were sourced when an old Bhuddist Temple was being pulled down. The architect may have kept these beautiful things, feeling pain whenever he saw them. Now they are back in the light and are peculiarly apposite to the concrete house. It is a strange fate. The inspiration from these old pillars may have made this house all the stronger. Fate is valid, even in architecture.

In traditional *hanok* and in Buddhist temples, wood is used as both a structural material and as a finishing material. However, today, although wood is a sturdy material, it is difficult to keep in place. Humidity and rising temperatures all contribute to warping, and so it is now preferred as a finishing material. It is particularly rare for wood to be used with concrete. However, in the Concrete Box House, their relationship appears to be the most natural thing in the world.

One might ultimately describe the Concrete Box House as a collection of lines. The outline of the pillars changes from day to night, or even with the seasons, and the interstitial shadows shift constantly. It is unsettling. It is the unassuming work of a master. Just as the simple prose of a great writer must be returned to again and again, this house rejects showy vulgarity for a more primitive and elemental feeling. Depending on the method of communication, this results in a sequence of significantly complicated psychological responses. It is almost as though the house is sentient and conscious.

3.

맨 하늘을 바라볼 수 있고 사방이 모두 열리는 네모난 중정은 ㅁ자집의 중심부라 할 수 있다. 그런데 바닥에 누워 단순히 사각의 하늘만을 봐도 지루하지 않다는 게 새삼 의아해진다. 정말이지 소박한 공간에 들어서면 사람의 마음도 소박해지나 싶다. 분명한 건 이 집에 있으면 자연의 미세한 변화를 느끼게 된다. 사실 이 집이 사람을 순박하게 만든다는 것을 계절을 여러 번 겪고 나서야 알았다. 또한 건축가가 이 콘크리트 집을 시간과 자연 속에서 그리 오래 묵히기로 작정했다는 것을 처음에는 알아채지 못했다.

　ㅁ자집은 조병수가 건축을 시작한 지 20여 년이 지나서 만든 자신의 사적 공간이다. 그런데 그는 아직 이 집은 완성되지 않았다고 말한다. 아주 오랜 시간이 흘러 집의 내부가 사라지고 하나의 형태만이 남겨질 때에 비로소 완성된다는 것이다. 왜 그런 것일까. 그가 좋아하는 경구 하나가 있다. "이미 도라고 말할 수 있는 것은 도가 아니다(道可道,非常道)."라는 『도덕경』 첫머리에 나오는 명제를 그는 자주 새겨 말한다. 이 말을 그의 건축언어에 대입해도 뜻이 상통하리라고 생각된다.

I would say that the focal point, the centre of the Concrete Box House, is the square courtyard, open to the elements and a view to the bare, open sky. Lying here, gazing up at the sky, it dawns on me that I have passed many minutes in this way without noticing any encroaching ennui or boredom. It seems that simple and honest spaces make simple and honest people of us. What is clear is that being in this house makes one sensitive to subtle changes in nature. In truth, I had not noticed the calming and purifying effect this home was having on me until I had experienced several seasons here. Nor when I first entered this house did I recognise the architect's intention for this concrete house to be a lasting place, one to weather both time and nature.

그가 지향하는 건축의 원리는 자연의 이치를 반영하는 것으로 시작해 그것과의 일치를 추구한다. 그런데 여기서 그는 물화된 대상을 정의하거나 어떤 특성을 구분해 의미를 부여하지 않는다. 다만 물화된 대상의 본질에 다가가기 위해 그는 장인처럼 엄격하게 공을 들인다. 아마도 그는 건축하는 행위 자체를 자연의 본성과 닮아가기 위한 수련의 과정으로 여기는 것 같다. 자연을 묘사하거나 모방을 통해 재현하는 게 아니라 본질과 만나고자 하는 열망 같은 게 그의 마음에 자리하고 있다. 지붕 하나만 봐도 그렇다. 언젠가 조병수에게 지붕이 왜 얼음같이 반짝거리는지를 물었다. 방수재는 사용하지 않은 채 그는 지붕의 판 위에다 콘크리트를 붓고 닦기를 반복했다 한다. 지붕의 질적인 밀도를 높이기 위해서, 그리고 중정 아래에서 바라보는 창의 두께를 만족하리만치 얻기 위해 그는 오랜 시간 흙을 부둥켜 안았다. 꼭 이렇게 해야만 그는 ㅁ자집이 자연의 본성과 동일한 생명력을 획득할 수 있으리라 생각했는지 모른다. 그리고 그는 건축과 자연의 새로운 관계맺음이 가능하다는 것을 증명하려 했는지도 모른다.

The Concrete Box House is Cho Byoungsoo's personal space, built twenty years into his career as an architect. However, he tells me that this house is not yet finished. He says that only after many years have passed, when the interior of the house has disappeared and only the outward form of the house remains, will the house be complete. I wonder why this is. There is an aphorism he likes to quote from the first lines of the *Tao Te Ching*: 'The Tao that can be trodden is not the enduring and unchanging tao.' It seems not unreasonable to consider these words emblematic of the language he uses to describe his architecture.

His architectural principles begin by applying the guiding principles of nature, and seeking to parallel or become one with these evolving principles. However, it is not the definition of a commercialised object that he seeks, nor is it a desire to imbue with meaning any one separate element from a whole. To approach that commercialised entity he exerts his entire being with all the intense focus of the master artisan.

It is not a desire to describe nature or even a desire for reproduction through imitation, but a passionate yearning to meet with nature that grips him. This is evident, even in the making of a roof. I once asked him why the roof sparkled like ice. He explained to me that instead of using waterproofing materials he chose to pour concrete and polish it, repeating the process until the roof was complete. To insure the quality of the roof, and to complement the thickness of the windows in the courtyard below, he chose to spend many hours in intimate proximity with the soil. Perhaps he felt that this was the only way in which to imbue the Concrete Box House with a life force equal to that of primal nature. And perhaps, he wished to prove that a new kind of relationship between nature and architecture is possible.

4.

조병수는 ㅁ자집에 오면 모든 창과 틈을 연다. 먼저 외벽의 문과 창을 연 후 중정의 유리문을 열고 하늘을 처다본다. 다음은 단정하게 무릎을 꿇고 음반을 골라 턴테이블에 건다. 음악이 흐르는 동안, 그는 슬쩍 옅은 미소를 띠우며 공간 곳곳을 살펴본다. 흡사 아버지가 자식의 성장을 대견스러워하는 그런 뿌듯함이 엿보인다. 사실 손으로 무언가를 만드는 것을 좋아하는 건축가는 틈틈이 가구를 만들기도 한다. ㅁ자집에 놓인 책상과 의자, 탁자 등의 가구 대부분도 그가 만든 것이다. 그렇다. 이 집에는 돌도 참 많다. 그것도 각양각색이다. 구석기시대의 돌도끼에서부터 마당에는 만찬을 차릴 만한 커다란 바위도 있다. 건축가는 집 사이사이에 그가 반해 버린 원재료들을 배치해 놓고 있다. 그가 이곳을 왜 좋아하는지 이해할 수 있다. 이곳은 건축가의 놀이터인 셈이다.

    조병수는 자신이 좋아하는 것을 숨기지도 않지만 꾸밀 줄도 모른다. 어린아이처럼 탐닉하고 빠져든다. 그런데 돌이켜 보면 건축가 조병수가 집중하는 것은, 아니 그의 삶이 지배당하고 있는 것은 어떤 물성의 본질에 대한 끊임없는 추구라는 생각이 든다. 간혹 이것이 거의 편집증에 가깝다고 느낀 적도 있다. 하지만 이것이야말로 그가 건축을 좋아하고 집중하는 이유다.

When Cho Byoungsoo arrives at the Concrete Box House, he opens every window, every orifice. First, the outer door and window, then the glass sliding doors that look out into the courtyard, and then he looks up at the sky. Then, neatly kneeling, he chooses a record for the turntable. While the music plays, he smilingly observes the corners of the house. He gives the impression of a father proudly observing the flourishing of a son. In fact, architects who enjoy working with their hands often make their own furniture. Most of the furniture in the Concrete Box House, including the desk, chair and coffee table, were made with his two hands. It's true. There are a great many stones in the Concrete Box House, and of such variety. There is a stone axe of Old Stone Age and, in the garden, an enormous rock large enough to host a banquet. The architect has placed his favorite things in the interstitial spaces of the house. I think I understand why he loves this house so much. It is his playground.

    Cho Byoungsoo is transparent in his delights, and unable to pretend, he loses himself in his passions like a child. But in hindsight I wonder if his focus, an overwhelming presence in his life, is in fact an eternal pursuit for the elemental essence of things. I've sometimes felt it to be almost neurotic, but, nonetheless, I think this is the reason why he loves architecture.

## 5.

건축가에게 음악적 기호를 물어본 적은 없지만 아마 그가 좋아하는 악기는 첼로일 것으로 생각한다. 예전에 로스트로포비치가 연주한 베토벤의 '첼로 소나타' 3번을 듣고 있을 때, 그는 갑자기 첼로라는 악기에 대한 얘기를 꺼냈다.

"이 작품은 베토벤이 거의 귀가 들리지 않을 때 만들었죠. 그전까지 첼로라는 악기가 주인공으로 연주되는 경우는 드물었어요. 앞으로 나서기엔 모호한 악기였던 셈이죠. 아니, 아무도 이 악기를 진지하게 주인공으로 삼을 생각을 못했을 수도 있었겠죠. 베토벤을 제외하고는요. 그가 위대한 악성으로 일컬어지는 데는 하나의 작품을 통해서 하나의 악기가 가진 진가를 끄집어낸 것만으로도 충분하다고 봅니다. 그저 놀라울 따름이에요."

첼로라는 악기가 그에게는 낮고 둔탁한 현의 깊이로부터 배어 나오는 음의 본질로서 매력을 일으킨다. 그리고 조병수는 자신을 이해할 수 있는 또 다른 분신이기에 이 음악가를 좋아한다. 이러한 성향은 그가 좋아하는 음식에도 적용된다. 조병수가 맛있어 하는 음식은 원재료의 특성이 살아있는, 소위 날것의 맛을 지녔다. 그는 불순한 혼합물들을 최소화한 원재료의 생생함, 날것의 단순함, 살아있는 대상으로부터 끌어올린 생명력을 좋아한다. 또한 된장 맛같이 하나의 대표성을 가지고 있으면서도 그 맛을 통해 여타의 음식 사이를 누비며 새로운 것을 추출하는 힘은 거의 숭배의 대상이 된다. 반면 그가 맛없다 하는 음식은 맛이 뒤엉켜 한 가지 맛으로 표현하기 어려운 것들, 자극적이며 화려한 음식들이다. 그는 음식의 조화를 싫어하지는 않지만, 과도한 것에 대해서는 싫고 좋음이 분명하다. 마찬가지로 조병수는 건축에서도 불순한 것들은 섞지 않으려 한다. 그가 즐겨 사용하는 노출콘크리트 공법은 외벽재와 마감재가 동시에 하나의 재료로 완성된 것이다.

I have never asked him what his musical preferences are, but I think it must be the cello. Once, while listening to Rostropovich's rendition of Beethoven's Cello Sonata no.3, he suddenly brought up the following reflection on the cello.

'This piece was composed when Beethoven had almost completely lost his hearing. Before this piece, it was rare to use the cello in this way, as the focal instrument. Perhaps this was because the cello is an awkward instrument to have in the foreground. It's possible that no one would have thought of composing a piece around the cello. Except for Beethoven. His genius is that in a single piece of music he was able to grasp the essence of an instrument. Astonishing.'

To him, the attractive core of the cello lies in the notes arising from the mellow depths of the instrument. Cho Byoungsoo loves this composer, because the music provides him with another way of understanding himself. These traits can also be found in the food he enjoys eating. His gastronomic preferences are for cooking that focuses on bringing to life the ingredients, which is, in fact, food that is almost raw. He likes food that has a palpable vitality, uncooked simplicity, and without the distraction of many competing flavors. Items that have a representative flavor like *Doenjang* (soybean paste) and yet are able to draw a new deeper flavour from the rest of the ingredients, are to him of even greater value. In contrast, he dislikes food that is unnecessarily complicated, where competing flavours make it difficult to articulate a prevailing note. It is not that he dislikes harmony in food, it is that he is clear on his likes and dislikes when it comes to unnecessary maximalism. In a similar way, frivolity does not exist in his architecture. His favourite material, exposed concrete, is both a construction material and finishing material in one.

# 6

도시의 삶이 확산되면서 집을 보는 안목이 바뀌었고 집을 대하는 정서마저 변했다. 외부의 혹독한 환경을 피하고자 짓기 시작한 집의 역사는 소유와 경배 사이를 오가면서 집이 자리하고 있는 공간의 의미 또한 바뀌게 되었다고 본다. 우리는 공간이 곧 시간으로 설명되는 시대에 살고 있다. 서울에서 이곳 수곡리까지 100여 리 길에 달하는 공간적 거리감은 증발해 버리고, 한 시간 삼십 분이라는 시간적 거리감이 우선시되어 버렸다. 그러다 보니 이곳까지 오면서 보고 느끼게 될 강과 산, 숲과 사람, 바람과 공기의 냄새 등을 포기하게 되었다. 애초 문명이 주는 혜택은 자연의 본질을 대체할 수 없는 것인지도 모른다. 같은 이유로 도시에서 집 한 채를 장만하는 데 몇 년이 걸린다고 되뇔 때마다 우리는 마음속으로 바라던 집과 멀어지게 된다. 어쩌면 조병수는 그래서 수곡리로 향했는지도 모르겠다.

  그는 단단하고 투박한 형태 속에서 물질의 본성을 끄집어내어 사람들이 생활에서 이것을 느끼기를 바란다. 자연의 성질을 반영하는 그의 건축으로 그 성질이 경험을 통해 전달받기를 원한다. 이것은 일종의 구애다. 물성에 대한 사랑을 그는 건축으로 구체화한다. 이것은 그가 의도적으로 설계한 불편함에서 드러난다. 그의 공간이 편안하고 소박하지만, 이것이 늘 생활의 편리와 효용성과 통하는 건 아니다. 일부러 불편함을 감내해야지만 그의 공간 속에서 무리가 따르지 않는다. 이에 대해 조병수는 매우 엄격한 편이다. 그는 두루 편한 공간을 만들기보다는 그가 만들고 싶어 하는 공간만을 따르려는 경향이 있다. ㅁ자집에 있는 유일한 방 한 칸의 경우가 그러하다. 그는 두 평이 조금 넘는 흙방을 만들고 거기에 작은 창 하나를 숨겨 놓았다. 전깃불도 없이 낮이건 밤이건 간에 작은 창을 닫으면 이곳은 세상의 시간과는 동떨어지게 된다. 실제 밤보다도 더 캄캄한 암흑 속에서 잠이라도 자려고 누워보지만, 좀체 익숙해지지 않는다. 폐소공포증을 이기고 그 방에 익숙해지기 위해서는 정말이지 상당한 시간이 필요하다.

The expansion of urban life has changed the way we see our homes, and even the way we feel about our homes. Once a place to escape from the hostile conditions of the outdoors, the history of the home is one of both ownership and worship. The meaning which we invest in the idea of home has also changed. We live in a time in which distance is measured in terms of time. The spatial measurement between Seoul and Sugok-ri disappears, and instead we say that it takes an hour and thirty minutes. In this way we surrender to the possibility of experiencing the rivers and mountains, the forests and humans, the scent of the wind and air that lie between the two points. Perhaps what primitive civilizations have taught us is that the true essence of nature cannot be replaced. Similarly, when it becomes apparent that building a home in the city will take a few years, the house has already become less and less like the house we were imagining. Perhaps this is why Cho Byoungsoo chose Sugok-ri for this house.

What he wants is to reveal the essence of the material he is working with in a way that encourages people to experience it in their daily lives. By utilizing the characteristics of nature in his work he wants this experience to communicate with us at every moment. It is a form of courtship. He articulates his love of his materials through architecture. This is evident in the intentional discomfort of his blueprints. His spaces are comfortable and simple, but not quite in the same vein as daily comfort and utility. One must anticipate a certain discomfort to be at home in this space. This is a point about which he is strict. His instinct is to make a correct space rather than a comfortable space. In the Concrete Box House, there is one room that typifies this. It is a room of about 6.6m$^2$ made of earth, with a single, small, hidden window. Day or night, if you close that window the space becomes one that feels utterly detached from time and space. In a darkness more absolute than the darkness of the night, I laid down and tried to sleep, but found myself kept awake by the unfamiliarity of the experience. It took many hours to win through the claustrophobia and feel comfortable in that room.

# 7

옛날 옛적 우리 조상들은 자연과 조화를 이룬 집에 머물면서 여백을 보는 심미안을 생활에서 표현하고 영위해 나갔다. 여백을 감상하는 차원이 아니라 생활의 멋으로 적극적으로 수용하고 즐긴 셈이다. ㅁ자집은 가운데가 넉넉하게 비어 있다. 이 비움을 통해 조병수는 덜하지도 더하지도 않는 멋을 부렸다. 이 집의 중정이 특별하다고 말할 수 있는 이유는 별 대수롭지 않게 여긴 그 공간이 무언가로 가득 채워지는 것을 발견할 때이다. 그것이 하늘이건 바람이건 별이건 간에 비어 있는 무의 공간을 채우면서 감각의 세계로 연결된 유의 공간으로 전환되는 순간이다. 즉 눈앞에 보이는 풍경이 내 안으로 들어와 다른 시간과 공간으로 연결된다. 이것은 일종의 정신적 전이가 가능한 여정이며, 건축이 공간의 시로 자리하는 원리가 된다. 따라서 건축가의 윤리적 의무는 사람이 지혜롭고 선하게 살아갈 수 있는 어떤 공간을 제시할 수도 있어야 한다. 좋은 집은 좋은 사람을 만든다.

Long ago, our ancestors lived in homes that were in harmony with nature, celebrating the beauty found in their surroundings. This was not a contemplative appreciation but an active and practical one. The centre of the Concrete Box House has a generous emptiness, from which Cho Byoungsoo has neither added nor subtracted. The reason why the courtyard feels so special is most apparent when it is suddenly filled with something. That might be the sky or the wind or the stars, filling the emptiness of the space and transforming nothing into something. In short, when the landscape before me passes through me, it connects my body to a different time and place. It is a place where psychological insights might occur, and thus proves the theory that architecture is the poetry of space. It follows that the moral duty of architecture is to create a space where it is possible to live wisely and well. Good houses make good people.

## 8.

더없이 간결한 형태를 지닌 ㅁ자집은 그 안이 텅 비어 있어 무엇이라도 채울 수가 있다. 삶을 지속하기 위한 양식이나 기억을 저장할 수 있다. 그런데 이러한 저장 공간으로서 은유는 땅의 형태를 빌어 생겨났다고 본다. 이는 ㅁ자집의 옥상에 올라가 평평한 바닥 가운데 뚫린 중정을 내려다보면 더욱 분명해진다. 여기서 집을 바라보면 땅 위로 솟아난 게 아니라 땅속에 있는 듯하다. 건축가는 집을 땅의 연장선상으로 여기는 것 같다. 사실 조병수는 집과 땅의 경계를 무력화시키는 작업을 이어가고 있다. 이제 그는 더 고독해지기로 마음을 먹었나 보다. 완전무장을 한 채 그는 땅 아래로 더 가까이 파고들어 간다(ㅁ자집 근처에는 진짜로 땅속에 자리 잡은 집이 또 하나 생겼다). 어쩌면 그는 궁극적으로는 건축이라 불리지 않는 건축을 바라는지도 모른다.

The elegantly concise shape of the Concrete Box House has an emptiness at its core, which could be filled with something. One could fill it with life-sustaining food, or with memories. However, it seems to be that the metaphors of saving or filling are prompted by the shape of the earth itself. It becomes clearer when you climb up on the roof of the Concrete Box House and look down. Viewed from above, it is not that the house bursts out of the earth, but rather that it is slotted within the earth. It is as though the architect saw the house as an extension of the earth. One might say that Cho Byoungsoo is engaged in the activity of destabilizing the demarcation between house and earth. Perhaps he is seeking a greater solitude. He seems to be penetrating further and further into the earth (another house has appeared close to the Sugok-ri Concrete Box House that is actually built entirely underground). Or, perhaps his fundamental desire is for a kind of architecture that is not architecture.

Architect's FRAME 01

땅속의 집, 땅으로의 집 – 조병수
House in the Earth, House towards the Earth – Cho Byoungsoo

초판 1쇄 발행 2017년 9월 1일  초판 2쇄 발행 2020년 12월 18일
FIRST PUBLISHED 1 September, 2017  SECOND PRINTED 18 December, 2020

지은이 조병수 발행인 황용철 편집총괄 박성진 편집 공을채 사진 황우섭(별도 표기 외)
디자인 최승태 국문감수 하명란 번역 노성화 영문감수 나탈리 페리스
발행처 (주)CNB미디어 출판등록 1992. 8. 8. (제300-2005-000142호)
주소 03781 서울특별시 서대문구 연희로 52-20 전화 02-396-3359 팩스 02-396-7331
전자우편 editorial@spacem.org 홈페이지 http://www.vmspace.com
ISBN 979-11-87071-14-3  ISBN(세트) 979-11-87071-12-9

**AUTHORS** Cho Byoungsoo  **PUBLISHER** Hwang Yongchul  **EDITOR-IN-CHIEF** Park Sungjin
**EDITOR** Kong Eulchae  **PHOTOGRAPHER** Wooseop Hwang (unless otherwise indicated)
**DESIGN** Choi Seungtae  **KOREA LANGUAGE PROOFREADER** Ha Myungran
**TRANSLATOR** Ro Seonghwa  **ENGLISH LANGUAGE EDITOR** Natalie Ferris
**PUBLISHING** SPACE BOOKS, an imprint of CNB media
**REGISTRATION** 1992. 8. 8. (300-2005-000142)
**ADDRESS** 52-20, Yeonhui-ro, Seodaemun-gu, Seoul, Korea 03781
**TEL** +82-2-396-3359  **FAX** +82-2-396-7331  **E-MAIL** editorial@spacem.org
**HOMEPAGE** http://www.vmspace.com

ⓒCho Byoungsoo, 2017. Printed in Seoul, Korea

* 파본이나 잘못된 책은 구입처에서 바꾸어 드립니다.
* 이 책은 저작권법에 따라 보호받는 저작물이므로 무단전재와 무단복제를 금지하며, 이 책 내용의
  일부 또는 전부를 이용하려면 반드시 사전에 저작권자와 출판권자의 서면 동의를 받아야 합니다.
* 책값은 뒷표지에 있습니다.
* 이 도서의 국립중앙도서관 출판예정도서목록(CIP)은 서지정보유통지원시스템 홈페이지
  (http://seoji.nl.go.kr)와 국가자료공동목록시스템(http://www.nl.go.kr/kolisnet)에서
  이용하실 수 있습니다. (CIP제어번호: CIP2017021538)

All rights reserved. No part of this publication may be reproduced, stored in a retrieval system, or transmitted in any form or by any means, electronic, mechanical, photocopying, recording, or otherwise, without prior consent of the publisher.